# 增材制造金属粉尘爆炸风险与控制

孙思衡　黄国忠　庞　磊　李　超

—— 著 ——

化学工业出版社

·北京·

## 内 容 简 介

本书全面、深入地介绍了增材制造（3D 打印）金属粉尘爆炸风险的辨识评估、爆炸特征、影响因素与爆炸抑制技术等相关内容。全书重点介绍了增材制造金属粉尘爆炸的特征参数、爆炸火焰、粉体抑爆实验研究、化学反应动力学模拟及安全风险评估模型等，详细说明了增材制造金属粉尘爆炸的各种防控技术，旨在引导读者系统地掌握增材制造金属粉尘爆炸的风险、特征及对应的防范措施。

本书可作为增材制造行业的管理人员、技术人员、使用维修人员等的培训教材，也可供爆炸安全防控领域的技术服务人员参考，还适合高等院校安全、消防、材料、机械加工等相关专业的师生参考。

**图书在版编目（CIP）数据**

增材制造金属粉尘爆炸风险与控制 / 孙思衡等著.
北京：化学工业出版社，2025. 4. -- ISBN 978-7-122
-47901-3

Ⅰ. TB4；X931

中国国家版本馆 CIP 数据核字第 20252R4R09 号

责任编辑：刘丽宏　　　　　　　文字编辑：郭　伟
责任校对：边　涛　　　　　　　装帧设计：刘丽华

出版发行：化学工业出版社
　　　　　（北京市东城区青年湖南街 13 号　邮政编码 100011）
印　　装：北京科印技术咨询服务有限公司数码印刷分部
710mm×1000mm　1/16　印张 11　字数 216 千字
2025 年 4 月北京第 1 版第 1 次印刷

购书咨询：010-64518888　　　　　售后服务：010-64518899
网　　址：http://www.cip.com.cn
凡购买本书，如有缺损质量问题，本社销售中心负责调换。

定　　价：88.00 元

# 前　言

近年来，制造业加速向高端化、智能化发展，增材制造（Additive Manufacturing，AM）技术凭借其独特优势，在航空航天、汽车制造、医疗器械、能源装备等领域广泛应用。尤其是金属增材制造，以其高精度、复杂结构成型能力，推动了传统制造模式的革新。然而，伴随技术应用的扩展，金属粉尘的爆炸风险成为亟待解决的安全挑战。

金属粉尘因其高比表面积和良好的燃烧特性，容易在特定浓度范围内形成爆炸性混合物，在增材制造的打印、收集、筛分、回收、储存等过程中，还可能因静电积聚、局部过热或氧化反应等引发火灾和爆炸，并危害作业人员安全。因此，科学评估金属粉尘的爆炸特性并采取有效的风险控制措施，已成为增材制造行业面临的关键问题之一。本书旨在为相关领域提供系统的理论分析与实践指导，帮助业界识别和应对这些安全风险。

本书围绕"增材制造金属粉尘爆炸风险与控制"这一主题，系统梳理了国内外关于金属粉尘爆炸特性的研究进展，探讨了增材制造过程中金属粉末的安全风险，并通过实验与数值模拟相结合的方式深入分析了不同条件下金属粉尘的爆炸敏感性、火焰传播行为及惰化抑制机理。同时，本书还结合现代安全管理方法，提出了一套针对增材制造金属粉末的风险评估体系。希望本书能为从事增材制造、粉尘爆炸防控及相关研究的技术人员、科研工作者、企业安全管理者提供有价值的参考。

全书共分为 8 章，由北京科技大学孙思衡、黄国忠、庞磊与李超共同撰写。其中，第 1 章、第 4 章～第 6 章、第 8 章（约 17.1 万字）由孙思衡撰写完成，第 2 章、第 3 章、第 7 章（约 4.5 万字）由庞磊撰写完成，李超参与了第 2 章与第 6 章的撰写，黄国忠对整本书的撰写给予了指导。

本书的编写工作得到了众多同行专家的指导与支持，在此深表感谢。由于著者水平有限，书中难免存在不足之处，恳请广大读者批评指正，以便进一步修改完善。

著　者

# 目 录

# 第1章

## 绪论

## 1.1 增材制造的概念与分类

### 1.1.1 增材制造的定义

增材制造（additive manufacturing，AM）又被称为 3D 打印，是 20 世纪 80 年代后期在美国、日本和法国等国家首先发展起来的，是涵盖了材料、计算机、信息、自动化等多学科的新型制造技术。

增材制造是快速成形技术的一种，属于高端制造。它的基本原理是离散-堆积原理，以数字模型文件为基础，运用粉末状金属或塑料等可黏合材料，通过逐层打印的方式来构造物体。

增材制造过程主要包括三维（3D）设计和逐层打印两个过程。先通过计算机辅助设计（CAD）软件建模，再将建成的三维模型分区成为逐层的截面，指导 3D 打印机逐层进行打印，如图 1-1 和图 1-2 所示。以上工作完成后，再通过热处理、后处理（包括支撑去除、机械加工、表面处理等工序）加工成最终产品。

增材制造技术包含计算机的图形处理、数字化信息和控制、激光技术、机电技术和材料技术等多项技术，综合了多个学科，如化学、材料、机械、电气等。随着科学技术的飞速发展，增材制造技术正以惊人的速度走向世界，并且正以前所未有的势头引发各界的关注，它不仅是传统制造业实现自动化的关键，而且被广泛地应用到了航空航天、汽车制造、医疗保健、工程建设、燃料电池等领域。

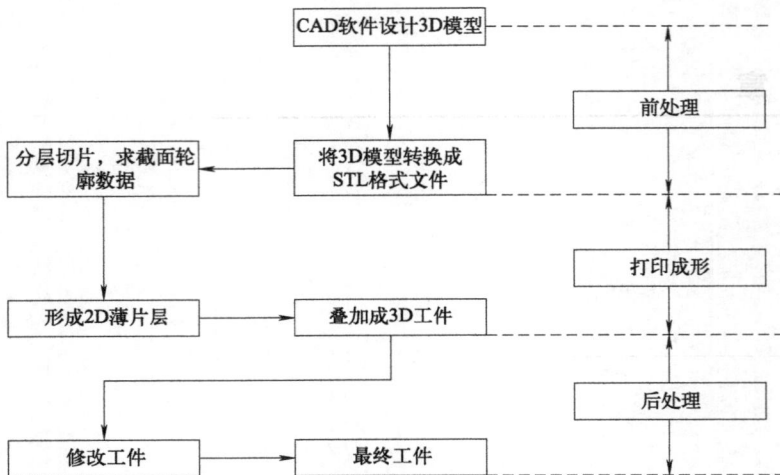

图 1-1 增材制造成形过程

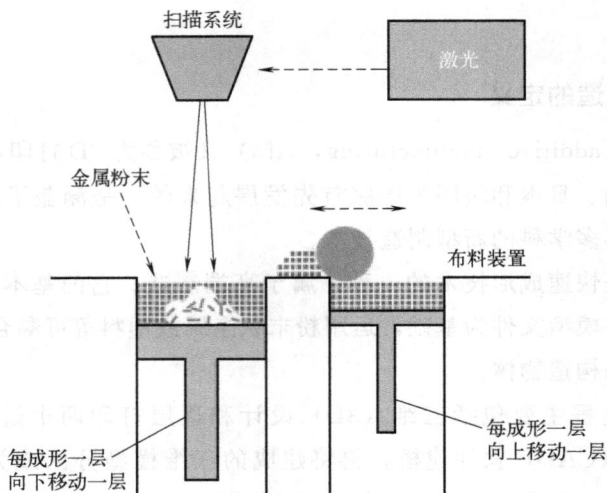

图 1-2 金属激光粉末床熔融增材制造用技术原理图

## 1.1.2 增材制造技术的分类

金属增材制造技术因其原料或技术的差别发展出许多不同的分类方法，现今最为常见的一种分类方法将其分为：以金属粉末为原料的增材制造技术和以金属丝为原材料的高能束熔增材制造技术。详细分类如图 1-3 所示。增材制造技术由于技术成熟、操作方便和制造工件精度高，而比高能束熔增材制造技术得到更广泛的应用。

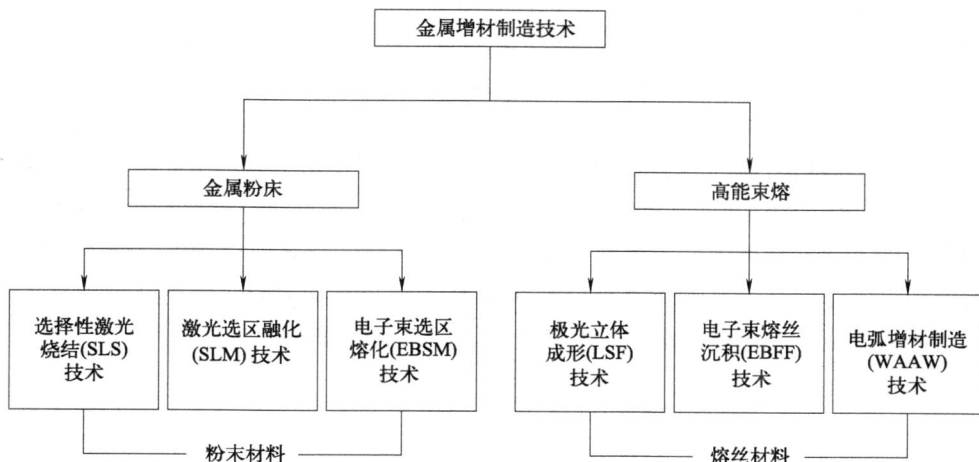

图 1-3　金属增材制造技术分类

其中，粉末材料增材制造技术主要包括三种类型：选择性激光烧结（SLS）技术、激光选区熔化（SLM）技术和电子束选区熔化（EBSM）技术，不同的技术有其各自的特点，具体见表 1-1。

表 1-1　增材制造技术分类对比

| 增材制造技术类别 | 选择性激光烧结（SLS）技术 | 激光选区熔化（SLM）技术 | 电子束选区熔化（EBSM）技术 |
|---|---|---|---|
| 输出热源 | $CO_2$ 激光 | Nd-YAG/光纤激光 | 电子束 |
| 工作环境 | 惰性气体 | 惰性气体 | 真空 |
| 是否需对金属粉末预热 | 是 | 是 | 否 |
| 是否需要支撑材料 | 否 | 是 | 否 |
| 是否需要后处理 | 是 | 否 | 否 |
| 优点 | ①材料利用率高，可重复使用未烧结的粉末<br>②构件时间短<br>③能生产较硬的工件 | ①可使用多种材料<br>②能够实现复杂的形状和内部特征<br>③允许同时生成多个零件并将多个零件合并<br>④能制造较大的工件 | ①成形过程无需惰性气体保护<br>②成形的工件力学性能好<br>③可以加工很小的精密零件 |
| 缺点 | ①使用前需对金属粉末进行预热<br>②成形过程产生刺激性气体和粉尘<br>③加工室需要不断充入惰性气体<br>④生产出的工件的密度小、精度较低 | ①使用前需对金属粉末进行预热<br>②成形过程产生刺激性气体和粉尘<br>③加工室需要不断充入惰性气体 | ①制造前设备需抽真空<br>②需要将设备内温度预热到800℃以上，预热温度高对系统整体结构提出了很高的要求<br>③工件完成后，由于真空室无法打开，只能通过辐射散热，冷却时间较长，降低了工件成形效率 |

SLS 技术的作业流程如下：首先，利用压辊将粉末铺展在成形工件的表面，数控系统读取计算机程序中的 2D 截面轮廓信息，控制激光束对新铺展的粉末层进行扫描和辐射。工件表面层的金属粉末被烧结后，工作台将缓慢升高并在烧结下一个横截面前铺展新一层金属粉末。此时，压辊旋转使金属粉末均匀铺开，调节激光能量烧结出新的轮廓截面，一直重复该操作直到工件完全成形。SLS 技术的工艺原理如图 1-4 所示。SLS 技术的优点有：不需要辅助支撑结构；未熔融的金属粉末能反复使用；能制造硬度较高的工件等。但是，使用 SLS 技术的增材制造设备造价高，且运营维护成本也较高。SLS 技术对作业环境的通风条件要求较为严格，因为激光扫描时金属粉末因高温会散发异味。

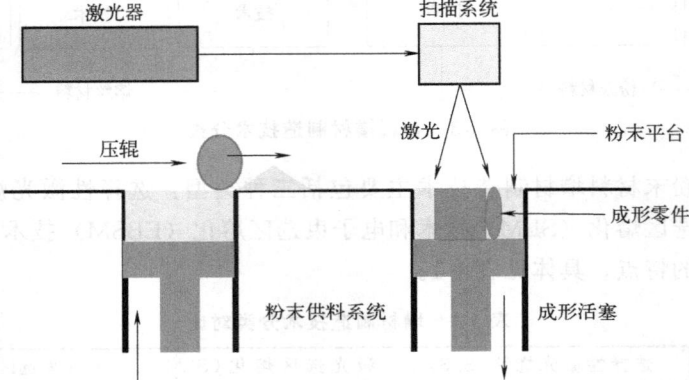

**图 1-4　SLS 技术工艺原理**

SLM 技术的作业流程如下：激光照射到金属粉末层上，金属粉末因激光的高温成为熔融状态，粉末熔化黏合到已成形工件上，如此反复直至工件完全成形。工艺原理如图 1-5 所示。金属粉末接收到的激光的能量密度与激光器的扫描速度、扫描距离和扫描功率等因素有关，因此使用 SLM 技术时要根据金属粉末的具体密度、硬度等选择适当的激光器。SLM 技术可以通过控制激光的能量来减少工件的内部缺陷，并获得更高密度和更好力学性能的工件。

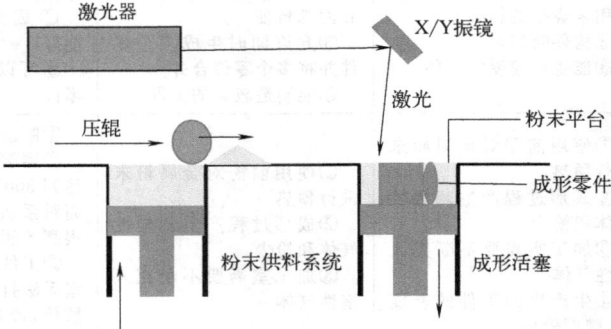

**图 1-5　SLM 技术工艺原理**

EBSM 技术是一种快速制造技术，可通过使用高能高速电子束选择性轰击金属粉末达到熔化并黏合的效果，如图 1-6 所示。EBSM 技术的成形过程如下：首先在工作台上铺展一层金属粉末，然后在计算机程序的控制下根据横截面轮廓选择电子束的能量，金属粉末在高能电子束的熔化下被逐层黏附，直到整个工件完全成形为止。与激光相比，电子束具有能量利用率高、工作深度大、材料利用率高、稳定性强等优点；使用 EBSM 技术的设备具有运行和维护成本低等优点；使用 EBSM 技术成形的工件具有变形程度小、组织致密且结构紧凑等优点。但是，EBSM 技术是在高真空环境中进行工件制造的，制作完成后不能立刻打开设备取出工件，而是需要在加工室冷却一段时间，这降低了工件的生产效率。

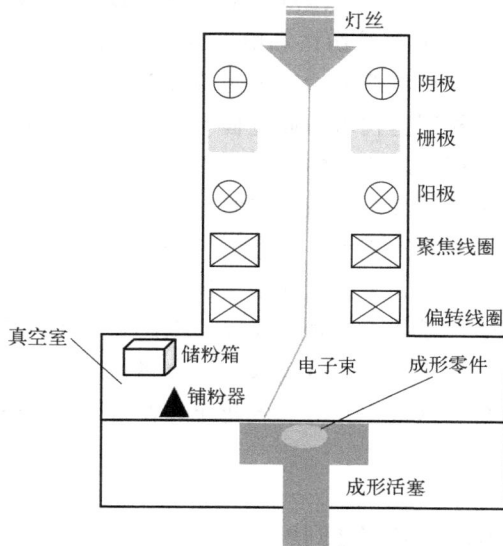

**图 1-6　EBSM 技术工艺原理**

## 1.2　增材制造粉尘爆炸研究的背景与意义

近年来，随着增材制造技术的迅猛发展，国内外采用增材制造技术的生产企业、科研机构和侧重增材制造用金属粉末原料生产的厂家也相应增多。用于金属零件生产的增材制造系统的出货量在 2023 年增长了 24.4%。Wohlers Associates 近 20 年来一直在跟踪这一细分市场。据估计，2023 年共售出 3793 套金属增材制造系统，而 2022 年为 3049 套。整个增材制造产业规模增长了 11.1%，达到 200.35 亿美元。

与此同时，增材制造过程中所发生的安全事故也随之增多。例如，美国马萨诸塞州一使用增材制造技术的实验室于 2013 年 11 月 5 日发生爆炸，造成一名实验人员重度烧伤，事故原因为高温钛合金和铝合金粉末在回收过程中形成粉尘云，被点火源引燃产生爆炸。2018年10月，美国华盛顿州一制造汽车零件的车间发生火灾，工厂过火面积高达1/3，一些精密仪器被烧毁，经济损失高达5000万美元，火灾发生的原因为高温钛粉接触氧气后发生自燃，且作业人员没有使用D型金属灭火器而是使用二氧化碳灭火器灭火，进而造成火势蔓延。2018年4月8日，北京某增材制造车间发生窒息事故，造成1人死亡1人受伤，事故原因为作业过程中发生惰性气体泄漏，作业人员违规作业且救援人员盲目施救。2023年9月14日，上海某公司发生一起较大的中效净化箱爆炸事故，导致3人死亡、1人重伤，事故原因是作业人员更换滤芯时未按规定佩戴口罩、眼罩、防护性衣帽及手套等劳动防护用品，违反操作规程对充满铝镁粉尘的滤芯加水导致爆炸。这些事故的发生不仅造成了人员伤亡和财产损失，还阻碍了企业的正常生产运行，引起了广大学者对增材制造技术安全性的思考。

目前，国内外对增材制造技术作业过程中存在的安全问题研究较少且不够全面。本书研究增材制造用金属粉末的安全问题，内容涵盖行业背景与技术分类、国内外研究现状及安全风险分析；通过实验，探讨了金属粉末的爆炸敏感性与严重性，分析了粉尘云最小点火能量（MIE）、着火温度及爆炸压力等特性，科学划分了爆炸风险等级；同时，研究了火焰传播特性及其受粉尘浓度、点火能量等因素的影响，并利用惰性粉体抑制爆炸风险，提出了有效的控制措施；构建了风险评估体系，结合定量分析提出对策建议，为金属粉末增材制造技术的安全应用提供了理论与实践支持。这些工作对有效防止其作业过程中安全事故的发生，促进行业的安全发展具有重要意义。

## 1.3 增材制造粉尘爆炸研究现状

### 1.3.1 粉尘爆炸特性研究现状

粉尘（粉体、粉末）爆炸指的是当粉尘在相对封闭的空间中达到一定浓度时，遇明火、电火花或其他点火源，粉尘就会被点燃，被点燃的粉尘及火焰会迅速扩散到整个空间，扩展速度极快，同时产生巨大的能量，剧烈的燃烧不断释放能量和热量，最后形成爆炸。

经实验研究发现，粉尘爆炸的发生需要五个关键要素：可燃粉尘、氧化物、粉尘云、点火源以及密闭空间。早期的粉尘爆炸大多发生在粮食的加工和储存方面，因此有学者针对粮仓的粉尘爆炸展开了相应研究。贾如宝对粮食加工车间的起火原因进行了分析，并提出了几点预防措施。现有粉尘爆炸研究针对的粉尘主要是淀粉、煤粉和药粉等非金属粉以及铝粉、镁粉等纯金属粉，对于合金粉的研究还很少。Bu 等研究了粉尘流动性对药粉 MIE、最低着火温度（MIT）、爆炸下限（MEC）和最大爆炸压力 $p_{max}$ 等爆炸特征参数的影响，研究表明粉尘流动性只会导致 MIE 降低，对另外三个参数影响不大。刘天奇利用水平粉尘爆炸装置测试了玉米淀粉的火焰传播规律，并建立了玉米淀粉爆炸能量传播数学模型。

研究表明，粉尘的爆炸特征参数可以分为两类：一类是粉尘爆炸的敏感性，另一类是粉尘爆炸的严重性。敏感性指的是粉尘发生爆炸的难易程度，参数值越大代表粉尘越不容易发生爆炸；严重性代表粉尘发生爆炸的破坏强度，参数值越小则代表粉尘发生爆炸后破坏性越弱。粉尘爆炸的敏感性可以通过多个参数进行评估，包括粉尘云的爆炸下限、最小点火能量、最低着火温度、极限氧含量等。粉尘爆炸的破坏强度可通过最大爆炸压力、最大压力上升速率 $(dp/dt)_{max}$ 和爆炸指数等参数进行评估。

对于粉尘爆炸特性，国内外学者开展了一系列实验研究。有些学者只研究了粉尘的敏感性，王秋红等深入探讨了粉尘的敏感性及其在抛光过程中的作用，通过实验研究了粉尘分布情况、粉尘粒径、粉尘浓度与镁铝合金最小点火能量的关系，但并未研究其他敏感性参数。对粉尘爆炸严重性的研究，Serrano 等利用 20L 球形爆炸容器分析了点火延迟时间、铝粉中位径等因素对铝粉爆炸严重性的影响，结果表明，随着点火延迟时间的增加，铝粉最大爆炸压力会降低。Danzi 等通过使用 20L 球形爆炸容器，研究了粉尘浓度对铁粉最大爆炸压力以及压力上升速率的影响。针对粉尘爆炸火焰传播规律，Li 等对不同水分含量、不同粒径和不同质量浓度的垂直管中的 LS 的尘焰传播进行了一系列实验，揭示了火焰传播过程中的控制机制，并通过对火焰特性（火焰厚度、预热区和反应区）和无量纲参数（毕奥数、泰尔数和达姆科勒数）的计算和对比分析，研究了火焰传播过程中热解和燃烧行为的控制机理。Zhang 等通过实验研究，发现气流速度、粉尘粒径以及粉尘浓度对水平管道中铝粉的爆炸火焰的传播有着重要的影响，其中，气流速度和湍流积分长度的变化趋势呈现出凸抛物线特征。Yu 等进行了 50nm 和 35μm 钛粉在无限制空间的爆炸实验，揭示了它们火焰传播行为和微观结构的差异，对比了两种粒径钛粉的火焰形状和火焰传播速度，发现 50nm 的钛粉火焰传播速度更快。

学者们虽对粉尘爆炸特性开展了大量的实验研究，但研究参数较为单一，缺乏全面性的重要参数，因此，本书针对不同影响因素对增材制造用铝合金粉尘爆炸火焰以及最小点火能量的影响进行研究，并分析其火焰传播规律。

## 1.3.2 增材制造用金属粉末研究现状

目前，增材制造领域所采用的金属材料种类繁多，其中包括铁基合金（如不锈钢）、钛及钛合金、镍及镍合金、钴合金以及铜合金和铝合金等。对增材制造用金属粉末的现有研究大多是对于制备方法、力学性能以及微观特性的研究。例如，何杰等详细阐述了目前应用于球形金属粉末生产的各类技术的核心原则，并分析了各类技术的优势与不足，指出为促进我国增材制造粉末生产技术的发展，应该采取两项措施：一是完善传统的生产流程，实施设备升级与标准化，构筑全自动生产线；二是深入开展粉末生产的基础理论研究，开拓更多的创新生产线。张飞等提出的等离子旋转电极法（PREP）、等离子雾化法（PA）以及气雾化法（GA）是当前最主流的球形金属制备方法，这些方法可以以较少的投入和较高的效率完美地完成复杂的球形金属粉末的制备，并且能够达到增材制造的质量要求，从而为我国的粉末材料制备提供有力的支持，并且可以将这些研究成果转化为可行的国家级技术。Moghimian 等介绍了增材制造用金属粉末的制备方法，并针对几种合金粉末的可重复使用性进行了讨论，从化学成分、物理特性以及使用过程中的污染等几方面详细论述了金属粉末的可重复使用性。Kempen 等对使用增材制造中 SLM 方法生产的增材制造用铝合金部件的拉伸强度、伸长率、杨氏模量、冲击韧性和硬度等力学性能进行了研究，并将其与传统铸造的增材制造用铝合金部件进行了比较。结果表明，在同等条件下 SLM 件比传统铸造件具有更好的力学性能；同时，SLM 可实现更低的成形温度和变形量，因而更加有利于提高产品尺寸精度和表面光洁程度。Garmendia 等评估了没涂层和有涂层材料的微观结构和力学性能，确定了通过粉末原料涂层改变 L-PBF 加工材料成分的可行性，并指出可以利用涂层来提高热处理后零件的力学性能。

另外，有学者研究了增材制造用粉末对工作人员职业健康方面的危害。Dobrzyńska 等论述了增材制造用粉末可能会给人们造成生理、心理、化学方面的危害，例如可以刺激人的皮肤和眼睛、致癌、导致尘肺病等，没有论述增材制造用粉末燃烧爆炸后的危害。Jensen 等研究了与金属增材制造相关过程中粉尘在整个工作空间的释放和扩散，详细研究了生产过程中打印后排空和清洗打印室，在开放或封闭的系统中去除多余的粉末材料，烘烤以退火金属物体，研磨和准备印刷基板作为下一个打印物体的基础等活动的粉末释放和扩散情况，研究表明粉尘浓度并未超过丹麦一个工作日可呼吸矿物的职业暴露限值。蒋保林利用多种技术手段，如专家调研、数据收集、统计分析等，采用模糊综合评价模型构筑出增材制造用金属粉末材料建设项目的风险评价模型，明确每项技术指标的权重并根据不同技术指标的特点提出了有效的防范和控制策略。蒋威对现有的增材制造粉末主要性能的检测方法进行了概述并对相关检测标准进行了分析，发现对增材制造粉末爆炸特性的检测基本为零，且缺少相关标准。宋艳丽综合论述了金属增材制造过程中存在的材料暴露、惰性气体排放、物料搬运和粉尘爆炸等方面的安全隐患，虽然提及了增材制造用金属粉末存在爆炸的风险，但对于其危害程度以及爆炸可能性都未提及，需进一步研究。Powell 等论述了在增材制造用粉末循环再利用过程中粉末的物理特性以及化学成分的变化过程，同时提到了几种可以提高回收粉末性能的方法，并提出可以将回收得到的粉末和原始粉末混合来提高粉末性能的方法；同时其也提到在粉末使用、回收、处理等过程中粉末存在爆炸的可能性，但并没有提出解决方案。

极少数学者研究了增材制造用金属粉末的爆炸特性。Myriam 等对比了纯铝粉和三种铝合金粉末的爆炸特性，测试了所有粉尘的最小点火能量、最大爆炸压力、火焰温度和颗粒温度，但只研究了浓度对其爆炸特性的影响，未涉及其他影响因素。孙思衡等对几种常见的增材制造用金属粉末的爆炸敏感性进行了详细的检测，并对其危险程度进行了排序，但未能深入探讨金属粉末的爆炸危险性。Bernard 等对增材制造用铝合金粉末的爆炸敏感性和严重性参数进行了测试，研究了粉尘浓度以及粒径对增材制造用铝合金粉末的 MIE、$p_{max}$ 和 $K_{st}$ 的影响，研究发现粉尘浓度和粒径对最佳点火延迟时间影响不大，并未深入研究增材制造用铝合金粉末的其他爆炸特性。

根据粉尘爆炸原理和已有的事故案例，可以推断出增材制造用金属粉末本身是可燃的，但是在制备、使用和回收过程中常忽略金属粉末的可燃性，并未采取有效防范措施，导致金属粉末聚集，形成安全隐患。但目前的研究对增材制造用粉末燃烧爆炸危害关注不够，对增材制造用金属粉末爆炸特性的相关研究仍处于初级探索阶段，缺少实验数据支撑，研究深度远远不够。因此，有必要围绕增材制造用金属粉末的爆炸特性展开广泛深入的研究。

## 1.3.3 金属粉尘惰化研究现状

控制粉尘爆炸的方法有很多，例如使用惰性气体、泄爆、隔离和抑制爆炸。在实际生产中，使用惰性介质作为防止粉尘爆炸的重要手段，相对于隔离和抑制爆炸来说更为简单，并且不受生产工艺的限制，因此得到了广泛应用。惰化技术是一种有效的防范措施，它通过添加惰性介质来阻止可燃物质分子与氧气分子之间的相互作用，隔离热辐射，从而形成一道屏障；此外，惰性介质还能够通过自身热分解、脱去结晶水等方式吸收燃烧反应产生的热量，从而有效地抑制反应的进行。

按照作用方式的不同，惰性粉体可以分为物理惰性粉体和化学惰性粉体，一些惰性粉体因其特殊的性质，能够通过两种不同的作用协同发挥出最佳的惰化效果。物理惰性粉体主要通过吸收反应热量和释放惰性气体来降低燃烧反应速率。常见的物理惰性粉体有碳酸钙、二氧化硅以及氢氧类金属化合物等。化学惰性粉体会受热分解，分解后代替可燃粉体与空气中的 O、OH、H 等自由基进行反应，阻碍可燃粉体的链式反应，以此达到惰化效果。还有一类惰性粉体既可以通过分解释放惰性气体降低反应速率，又可以分解产生自由基阻碍可燃粉体的链式反应，此类粉体惰化剂一般具有较好的抑爆效果，这类粉体主要有磷酸二氢铵、碳酸氢钠和磷酸二氢钙等磷酸类化合物。

　　研究表明，惰性粉体的惰化效果与其本身的特性、粒径、含量以及外界环境条件密切相关，这些因素共同决定了它的抑爆能力。在利用惰性物质降低金属粉尘爆炸风险方面，学者已经做了大量研究。有的学者研究惰性气体对金属粉尘的惰化效果。Zhang 等研究了在密闭方形管道实验装置内不同惰性气体对铝粉的抑制机理，系统研究了受惰性气体影响的火焰传播特征参数和爆炸严重性参数，发现 $CO_2$ 对铝粉的惰化效果更好。还有研究人员探讨了惰性粉体对金属粉末的惰化效果，郭昊通过设计正交试验研究了粉末浓度、喷尘压力等因素对锆粉粉尘云最低着火温度和最小点火能量的影响，并研究了不同作用效果的惰性粉体对锆粉粉尘云最低着火温度和最小点火能量的惰化效果，对比了三种惰化剂对锆粉尘云的惰化效果，发现 $NH_4H_2PO_4$ 对锆粉的惰化效果最好。Jiang 等在开放实验装置上研究了不同的惰化比的 $NaHCO_3$ 和 $NH_4H_2PO_4$ 对铝粉爆炸火焰的抑制作用，研究表明 $NH_4H_2PO_4$ 对铝粉火焰温度和火焰传播速度的抑制效果更好。Ma 等利用立式玻璃管实验装置和 20L 球形爆炸实验装置开展了 MPP 和 $Al(OH)_3$ 粉末对铝镁合金粉末爆炸火焰传播和爆炸超压惰化的实验研究，比较了 MPP 和 $Al(OH)_3$ 对铝镁合金粉末火焰形态、火焰传播、$p_{max}$ 和 $(dp/dt)_{max}$ 的爆炸抑制效果，实验结果表明 MPP 比 $Al(OH)_3$ 对铝镁合金粉尘的火焰传播和爆炸超压的抑制更有效。Wang 等用改进的哈特曼管和 20L 球形爆炸容器研究了 $Al(OH)_3$ 和 $Mg(OH)_2$ 粉末对 Al-Mg 合金爆炸的抑制作用，分析了两种粉末对铝镁合金的抑制机理，结果表明，通过提高 $Al(OH)_3$ 和 $Mg(OH)_2$ 的质量百分比，可以有效降低爆燃的火焰高度、火焰传播速度和爆炸压力，但 $Mg(OH)_2$ 粉末对铝镁合金的抑制效果更好。

　　可以发现，学者对用惰性物质惰化金属粉尘已经做了大量研究，但是对于增材制造用铝合金粉末的惰化研究很少，且大多数惰化研究只研究了惰性物质对金属粉尘某方面的惰化效果，缺少惰性物质对金属粉尘整体惰化效果的研究。研究典型惰性物质对增材制造用金属粉尘爆炸火焰和爆炸特性的惰化效果是有必要的。惰性气体泄漏可能导致人员窒息或冻伤，不宜长时间使用，而惰性粉体具有经济实用、来源广泛、惰化效果好等优点，因此本书选取常用惰性粉体（$CaCO_3$、$NaCl$、$NH_4H_2PO_3$）对典型增材制造金属粉尘进行了深入的惰化研究。

# 第2章

# 增材制造行业政策与
# 安全风险分析

---

## 2.1  国内外增材制造安全事故案例

增材制造行业存在较多的风险隐患，并且近几年增材制造行业也确实发生了不少安全事故。下面摘取了几个国内外典型的增材制造事故案例。

（1）某增材制造车间惰性气体窒息事故

2018年4月8日，某数控科技开发公司在其增材制造车间使用数控激光加工机床（激光送粉增材制造设备）加工飞机零件时，发生了一起窒息事故，造成现场1人死亡，1人重伤后救治无效死亡。

事故的直接原因：该设备生产过程中需要惰性气体——氩气对产品进行保护，操作人员违规操作误吸入了高浓度的氩气，瞬间导致窒息，最终造成严重的人员伤亡事故。

事故的间接原因：该公司内部安全管理未做到位，上岗人员资格审查不到位，发生事故后未在一定时间内采取有效的应急措施，并且未按照规定定期进行安全检查。

（2）某高校增材制造实验室火灾事故

某高校增材制造实验室发生火灾事故，未造成人员伤亡。

事故的直接原因：实验人员在进行增材制造打印过程研究中，需对打印后产生的废粉进行筛分。筛分过程中发生粉末燃烧现象，实验人员未正确采用灭火器进行灭火，而是直接采用水进行灭火，导致整个实验室发生火灾，未造成人员伤亡。

事故的间接原因：实验室对涉粉增材制造产生的风险辨识不足，对人员的安全教育、应急演练、消防能力培训不足。

（3）某公司增材制造用车间坍塌事故

2019年7月21日，某公司增材制造用车间发生一起坍塌事故，造成1人死亡。

事故的直接原因：木工贺某违反绿化墙工艺要求和安全操作规程，未与机长、班长确认养护时间，在绿化墙未到养护时间（120h）的情况下，冒险违章拆除绿化墙第一层外凸面木模，绿化墙墙体发生坍塌压住贺某导致事故发生。

事故的间接原因：该公司对绿化墙生产组织管控不到位，未记录绿化墙每日浇筑节点时间，未在绿化墙施工区域设置绿化墙养护起止时间提示，未采取技术、管理措施及时消除事故隐患，教育和督促从业人员严格执行本单位的安全操作规程不到位。

（4）某公司"9·14"中效净化箱较大爆炸事故

2023年9月14日，某公司发生一起中效净化箱较大爆炸事故，导致3人死亡、1人重伤，事故现场如图2-1所示。

图2-1  车间发生爆炸事故的现场

事故直接原因：作业人员更换滤芯时未按规定佩戴口罩、眼罩、防护性衣帽及手套等劳动防护用品，违反操作规程对充满铝镁粉尘的滤芯加水导致爆炸。

事故间接原因：事发当日上午，作业人员在更换滤芯前，未落实静置1天的要求；滤芯更换过程中使用水对铝合金粉末湿化，产生的可燃气体引发的明火（爆燃）熄灭后，湿化的铝合金粉末持续处于异常状态（放热或阴燃）；事故发生时，作业人员再次使用水对铝合金粉末湿化，导致反应加剧，引起残余铝合金粉尘发生燃爆与迸射，继而导致氢气、空气、铝镁粉尘组成的爆炸性混合物发生剧烈爆炸。

（5）国外相关事故案例

① 2013年11月5日，美国马萨诸塞州某增材制造设备公司发生爆炸并造成1人重度烧伤。原因为操作人员处理增材制造设备内未烧结完的钛合金粉末时，钛合金粉末扬起后瞬间爆炸。事故的点火源疑似为静电。

② 2015 年，英国一名 17 岁学生死于一场由增材制造用机和发胶共同引发的爆炸。爆炸发生后，事故调查发现，他为了能让打印件紧贴在打印床上，所以才使用了发胶，然而发胶在喷出的过程中在空气中留下了大量的丙烷，最终因为增材制造用机或电源插座产生的火花引发了爆炸。

③ 2018 年 10 月 12 日，美国西雅图某钢铁制造厂内的增材制造设备发生了火灾。火灾原因为作业人员在用振动筛处理还未完全冷却的金属粉末时，金属粉末突然发生燃烧。该事故造成一名作业人员烧伤。

## 2.2 增材制造安全风险辨识

随着增材制造技术的深入使用，研发、生产方面相应的安全问题也逐渐暴露出来，下面从火灾爆炸、健康伤害、窒息、辐射伤害、灼烫及其他安全风险几个方面进行风险辨识。

### 2.2.1 火灾爆炸风险

火灾和爆炸通常有两种情况，一种是粉尘引起的火灾和爆炸，另一种是有机挥发物引起的火灾或爆炸。这两者通常是由多种条件触发的，引发火灾的条件有氧气、可燃物和点火源，如图 2-2 所示。如果氧气和可燃物均存在，则有潜在的火灾隐患，此时必须避免有点火源。当氧气和可燃物均充足时，环境中存在的静电可能会引起火灾。引起粉尘爆炸的条件包括氧气、点火源、密闭空间和一定浓度的粉尘云，如图 2-3 所示，因此在使用增材制造技术时，无论是进行金属粉末预热还是进行余粉收集，都应注意不要扬起粉尘形成粉尘云。作为增材制造用金属粉末，都具有粒径细小且粒径分布窄的特点，因此更易被外部环境存在的静电火花、机械热表面、电器火花、物理摩擦等点火源点燃，造成火灾爆炸事故。参考现有的典型增材制造事故案例、已有实例研究并结合粉尘爆炸机理可知，钛合金粉末和铝合金粉末如 TC4、TA15、增材制造用铝合金等具有较高的爆炸敏感性和严重性，而镍基合金粉末和不锈钢粉末如 GH4169、GH3536、316L 和 304L 等的敏感程度虽然不如钛合金、铝合金等粉末高，但是在特定条件下仍具有一定的爆炸危险性。

图 2-2　粉尘爆炸示意图（一）

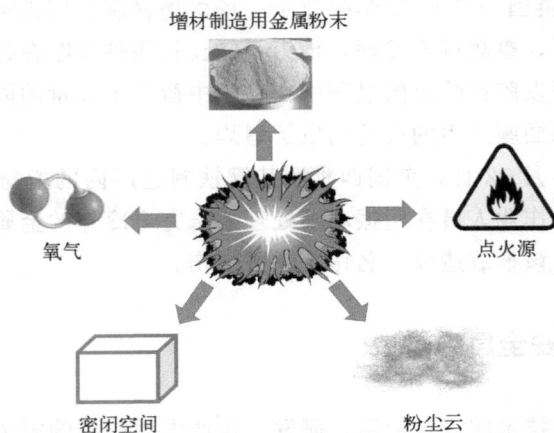

增材制造用金属粉末

氧气

点火源

密闭空间

粉尘云

图 2-3　粉尘爆炸示意图（二）

## 2.2.2　健康伤害风险

增材制造作业过程伴随着大量有害颗粒物的扩散，颗粒物包括 PM2.5 和 PM10 以及一些因金属粉末扩散而形成的粉尘颗粒物等。有害颗粒物在密闭空间中会停留较长时间，也会随着空气流动被远距离输送，扩大影响范围。当有害颗粒物被人体吸入后，它们由口腔或鼻腔转移至肺部，这些颗粒会影响人体的正常气体交换，造成一系列呼吸道疾病。而作为原材料的增材制造用金属粉末，比一般粉尘更为细小，其粒径分布通常在 $25\sim50\mu m$，因此被人体吸入后会更快地进入肺部。钛合金、铝合金等粉末具有密度低且活性高的特点，对肺部及支气管的伤害尤大，在增材制造作业过程中必须严格限制铝合金和钛合金等粉末的浓度；根据有害物质指令，其他金属粉末如不锈钢或镍合金粉末被归类为致癌、致突变和生殖毒性物质，过量接触、吸入甚至摄入这类金属粉末会损害肺功能、肾功能、心肌功能和中枢神经系统。例如，作业人员若未佩戴防护口罩而摄入过量铝合金粉，会导致注意力不集中、记忆力减退、反应迟缓甚至导致阿尔茨海默病。即便作业人员在作业过程中只是少量吸入金属粉末，长此以往，有很大的可能患上尘肺病，该病会导致肺部组织纤维化直至使人窒息死亡。

除此之外，金属粉末在高温激光或电子束的作用下熔融时，会散发刺激性气体。刺激性气体会对人的鼻、眼和呼吸道等造成一定的伤害，高浓度的刺激性气体会对呼吸功能产生不可逆转的伤害。因此，作业人员应佩戴防护性较强的口罩（如 KN95）。

## 2.2.3　窒息风险

大部分增材制造设备的工作过程会采用氩气或氮气作为保护气体。惰性气体本身无毒，但其泄漏后会持续降低空气中的含氧量继而造成人员窒息。因此，在密闭空间内使用惰性气体时，一定要加强对惰性气体传输系统气密性的检测，否则会产生严重的后果。由于这两种气体无色无味，人很难察觉，因此作业人员在吸入含有惰性气体的空气后不会有任何反应。当空气中的含氧量低于19.5%时，人体会出现头晕目眩的症状，若含氧量持续降低，人就会丧失意识甚至死亡。进入增材制造作业区间的操作人员必须意识到这一潜在风险，应在贴近惰性气体传输系统的位置安装氧浓度检测仪，一旦含氧量临近警界值，就应发出警报提醒作业人员。

## 2.2.4 辐射伤害风险

增材制造技术由于激光和电子束的使用，会产生大量辐射，特别是电子束选区熔化（EBSM）技术，因为电子束选区熔化技术在作业过程中会将设备抽真空，待工件成形后也不能立刻打开设备，在等待降温的这段时间里有大量辐射。这些辐射会充满空间，它不依靠介质传播，可以穿透许多物质包括人体。如果人体长时间暴露于过高的辐射下，体内的红细胞和白细胞会受损或死亡。辐射不仅影响人体的免疫力和新陈代谢能力，在严重的情况下还会促进人体癌细胞的增殖从而引发癌症。辐射伤害如表 2-1 所示。因此，作业人员在进入增材制造金属粉尘作业区前应穿戴有防辐射作用的工作服。

表 2-1 辐射伤害表

| 受照剂量/mSv | 放射病程度 | 症状 |
| --- | --- | --- |
| 100 | 无影响 | — |
| 100～1000 | 轻微影响 | 白细胞逐渐减少,无明显不良症状 |
| 1000～2000 | 轻度 | 疲劳,呕吐,食欲减退,暂时性脱发,红细胞减少 |
| 2000～4000 | 中度 | 骨结构被破坏,骨密度降低,出现内脏出血、腹泻等症状 |
| 4000～5000 | 中毒 | 血液、免疫、生殖和消化系统受到破坏,危及生命 |

## 2.2.5 灼烫风险

功率为 500W 的选择性激光烧结（SLS）技术理论上能熔化熔点为 500～1000℃的金属粉末，较为先进的电子束选区熔化（EBSM）技术粉床温度均在 1000℃以上，使用 EBSM 技术前需要将系统预热到 800℃以上。作业人员若是操作不慎，易被增材制造设备的打印室的高温灼伤，进而造成伤害。

## 2.2.6 其他安全风险

除以上五类增材制造技术典型风险以外，该行业还涉及一些常规的风险，比如机械伤害风险、触电风险和环境污染风险等（图2-4）。

机械伤害风险：比如一些部件、零件容易造成人员砸伤、碰伤、磕伤、绞伤等伤害。

触电风险：比如电子束生成器等增材制造设备需要的电流大、电压高，一旦发生人员触电，后果不堪设想。

环境污染风险：增材制造作业过程中释放到环境中的化学产物和颗粒会随着作业时间的增加而逐渐积累，它们会影响室内空气质量，造成一定的环境污染。

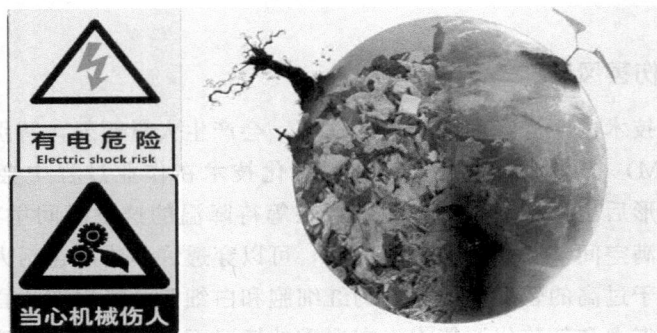

**图2-4　其他安全风险**

# 第 **3** 章

# 典型增材制造用金属粉尘
# 爆炸特征参数研究

本章通过实验分析粉尘云的最小点火能量、最低着火温度，粉尘层的最低着火温度以及粉尘云爆炸下限等爆炸敏感性指标，对典型增材制造用金属粉末的爆炸特征参数进行研究，同时探讨金属粉末的爆炸严重性，包括最大爆炸压力和爆炸上升速率，并对不同金属粉末的爆炸敏感性与严重程度进行排序，为风险评估和安全管理提供依据。

## 3.1 实验样品

实验选取的增材制造用金属粉末购自某粉冶科技有限公司，其所生产的粉末先后通过了 ISO 9001、GB/T 19001 等质量管理体系的认证。增材制造用金属粉末共分为四类八种，具体是：

① TC4 和 TA15 是钛合金，具有优异的强度、耐腐蚀性和轻量化特点，是增材制造中常用的航空航天和医疗材料。TC4（Ti-6Al-4V）以 6％的铝和 4％的钒为主要合金元素，适合制造高性能零部件，而 TA15 则在高温性能和稳定性方面表现更出色，多用于发动机和高温零件。

② AlSi10Mg 是一种铝合金，添加了 10％的硅和微量镁，具备轻质、高强度特点和优良的导热性，适合增材制造复杂结构件，广泛应用于航空航天、汽车和电子散热领域。

③ GH4169、GH3536 和 GH3625 均为镍基高温合金，GH4169（Inconel 718）以耐高温和耐腐蚀性著称，适合制造航空发动机涡轮盘和导向装置；GH3536（Hastelloy X）具有优异的抗氧化性和高温强度，用于燃烧室和涡轮部件；GH3625（Inconel 625）在耐腐蚀性和高强度上表现突出，常见于化工设备和海洋工程。

④ 316L 和 304L 是不锈钢的典型代表。316L 是低碳不锈钢,因其含钼元素,具备更强的耐腐蚀性和生物相容性,多用于医疗器械和食品工业;304L 则是一种经济适用的不锈钢,广泛用于建筑装饰和日用品制造。

上述材料在金属增材制造技术中表现优异,能够满足多领域的高性能零件的制造需求。增材制造用金属粉末的特性和作业温度如表 3-1 所示,粉末组成成分如表 3-2 所示。

表 3-1　增材制造用金属粉末特性及作业温度

| 粉末牌号 | 粉末特性 | 作业温度 |
| --- | --- | --- |
| TC4 | TC4 是最常用的钛合金粉末,具有密度小、比强度高、耐腐蚀性好和兼容性高等特点 | 成形性能优良,主要用于制造各种承重构件,长期工作温度可达 450℃ |
| TA15 | TA15 是短时高温钛合金,具有优异的可焊性和热稳定性,粉末被烧结成形后相对密度仍能达到 95%,虽在工件中会留有气孔,但对力学性能影响小 | 在 500℃ 以下能保持较好的理化性质 |
| AlSi10Mg | 常用于航空航天等领域的零件制造,具有密度小和耐腐蚀性良好的特性 | 制作工艺成熟、密度小和铸件耐腐蚀性好,在航空、仪表制造和通用机械制造等领域广泛应用,常用于制造汽车的发动机、进气总管、活塞、毂、转向助力器等,它可在温度低于 600℃ 的情况下长期使用 |
| GH4169 | 熔点低,固-液-相温度区间宽,自熔性、润湿性和喷焊性优良 | 可在 -253~700℃ 温度范围内具有良好的综合性能,650℃ 以下的屈服强度居变形高温合金的首位 |
| GH3536 | 铁含量相对较高,具有良好的抗氧化和耐腐蚀性,有良好的焊接性能和冷、热加工成形性 | 900℃ 以下长期使用,短时工作温度达到 1080℃。在短时高温下能承受高,因此适于飞机发动机燃烧室等零件的制造 |
| GH3625 | GH3625 是固溶强化型变形高温合金,具有良好的抗拉强度和抗疲劳性能,且加工性和焊接工艺性能良好 | 最高工作温度为 950℃,广泛用于航空发动机、航空航天工业结构零件等的制造 |
| 316L | 316L 是奥氏体不锈钢,具有优良的耐腐蚀性,耐高温,有一定抗蠕变性 | 316L 可在温度低于 1600℃ 时连续使用;在温度低于 1700℃ 时,316L 仍能保有良好的抗氧化性 |
| 304L | 碳含量少,镍含量高,不易生锈 | 最低的耐热使用温度可达 -196℃,最高的耐热温度可达 800℃ |

表 3-2　粉末组成成分

| 粉末类别 | 粉末牌号 | 组成成分 | 中位粒径 |
| --- | --- | --- | --- |
| 钛合金 | TC4 | 钛余量,铁 ≤ 0.30%,碳 ≤ 0.10%,氮 ≤ 0.05%,氢 ≤0.015%,氧≤0.20%,铝 5.5%~6.8%,钒 3.5%~4.5% | 38.66μm |
| | TA15 | 钛余量,钒≤2.3%,铝≤6.9%,锆≤2%,锰≤1.7% | 32.52μm |

| 粉末类别 | 粉末牌号 | 组成成分 | 中位粒径 |
|---|---|---|---|
| 铝合金 | AlSi10Mg | 铝余量，硅 9.0%～11%，锌≤0.10%，铁≤0.55%，镍≤0.05%，锰≤0.45%，钛≤0.15%，镁 0.2%～0.45% | 33.41$\mu$m |
| 镍合金 | GH4169 | 铁余量，镍 50%～55%，铬 17%～21%，钴≤1%，碳≤0.08%，锰≤0.35%，硅≤0.35%，硫≤0.015%，铜≤0.35%，铝 0.2%～～0.8%，钛≤0.65% | 31.80$\mu$m |
| | GH3536 | 镍余量，碳≤0.03%，硅≤0.08%，锰≤0.50%，磷≤0.04%，硫≤0.02%，铬 22%～24%，钼 15%～17%，铁≤3.0%，铝≤0.50%，铜 1.3%～1.9% | 30.80$\mu$m |
| | GH3625 | 镍余量，铬 20%～30%，铁≤5%，铌 3.15%～4.15%，钼 8%～10%，钴≤1%，碳≤0.1%，锰≤0.5%，硅≤0.5%，硫≤0.015%，磷≤0.015%，铜≤0.07%，铝≤0.4%，钛≤0.4% | 27.42$\mu$m |
| 不锈钢 | 316L | 碳≤0.03%，硅≤1%，锰≤2.00%，硫≤0.030%，磷≤0.045%，铬 16.00%～18.00%，镍 10.00%～14.00%，钼 2.00%～3.00% | 38.91$\mu$m |
| | 304L | 碳≤0.03%，硅≤1.0%，锰≤2.0%，铬18.0%～20.0%，镍 9.0%～12.0%，硫≤0.03%，磷 P≤0.045% | 36.76$\mu$m |

借助 BT-9300LD 型激光粒度分布（PSD）仪（干法）对 8 种样品进行粒度分析，得到图 3-1 所示累积分布图。图中的右纵坐标轴表示粉末的累积 PSD 百

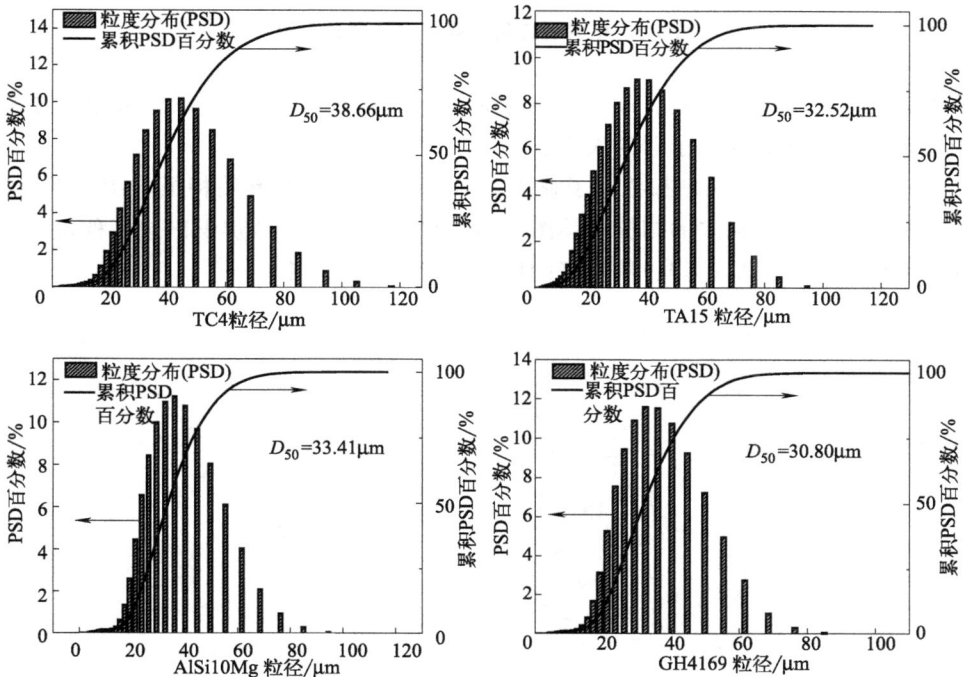

图 3-1

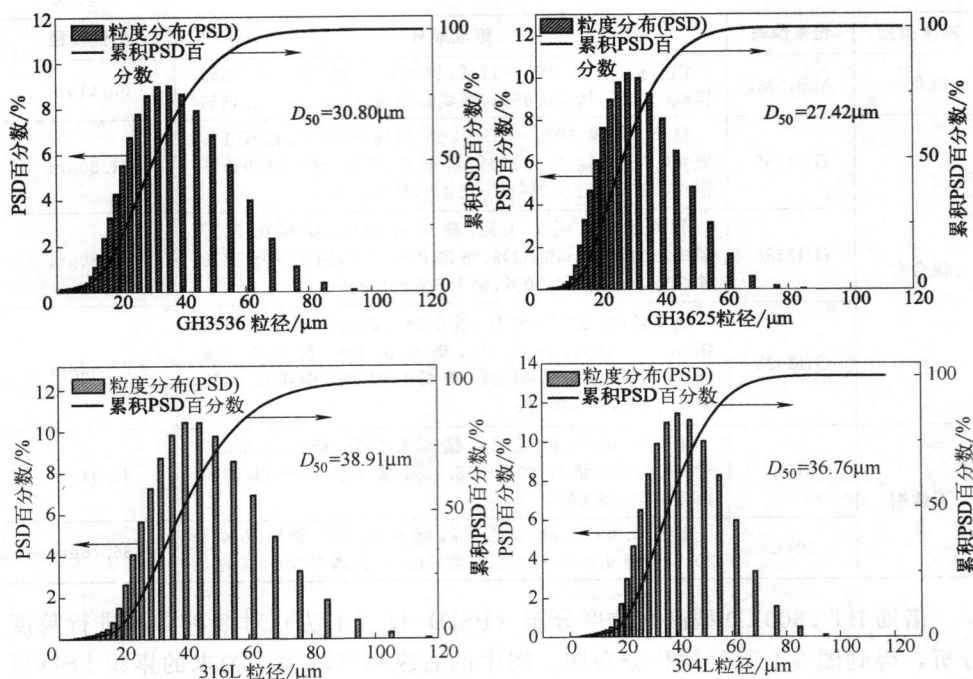

图 3-1 增材制造用金属粉末粒度分布图

分数，横坐标为粉末粒径。$D_{50}$ 也被称为"中位粒径"，即平均颗粒大小，通常用来表示一个特定的粒子群的大小。

采用 Quanta400F 型扫描电子显微镜分析 8 种样品的形貌特征，图 3-2 为 8 种增材制造用金属粉末的扫描电镜图。通过该图可以清晰地辨识出这 8 种粉末的球形度较好，属于形态佳、质量好的增材制造用金属粉末。

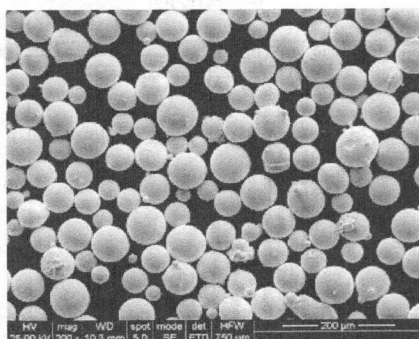

TC4

TA15

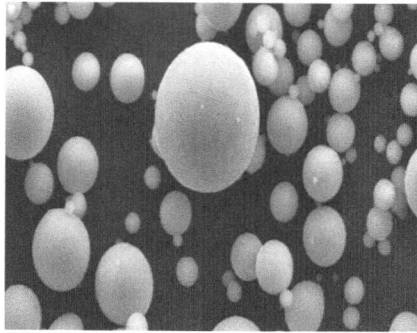
AlSi10Mg

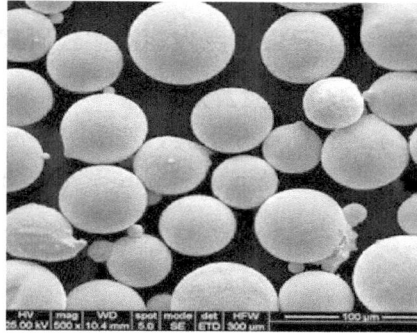
GH4169

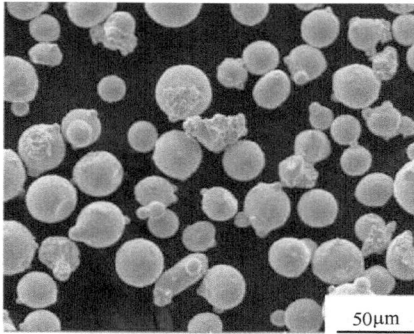
GH3536

GH3625

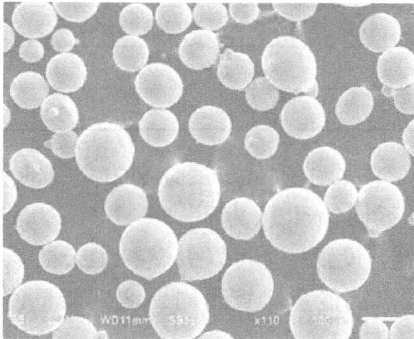
304L

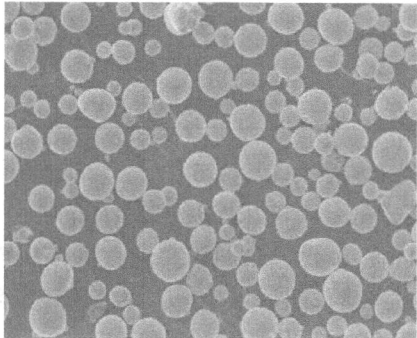
316L

图 3-2　增材制造用金属粉末扫描电镜图

## 3.2　增材制造用金属粉尘爆炸敏感性实验分析

增材制造用金属粉末的敏感性实验研究主要包括：粉尘云最小点火能量（MIE）实验研究、粉尘云最低着火温度（$MIT_C$）实验研究、粉尘层最低着火温度（$MIT_L$）实验研究和粉尘云爆炸下限（MEC）实验研究。

### 3.2.1 粉尘云最小点火能量实验研究

#### 3.2.1.1 实验装置及方法

为了进行此部分实验，选取了型号为 HY16428C 的粉尘云最小点火能量测试装置——哈特曼（Hartmann）管，如图 3-3 所示。设备的各项参数见表 3-3。

图 3-3　哈特曼管装置示意图

表 3-3　粉尘云最小点火能量测试装置参数

| 放电火花能量范围/mJ | 0.1～999.9 |
|---|---|
| 调节精度/mJ | 0.1 |
| 点火脉冲频率/kHz | 40 |
| 喷尘压力/MPa | 0～1 |

粉末质量为 1g、1.5g、2g、2.5g，其对应的粉尘质量浓度分别为 0.833kg/m³、1.250kg/m³、1.667kg/m³、2.084kg/m³，在不同喷尘压力下（0.1MPa、0.2MPa、0.3MPa 和 0.4MPa）进行实验。调节操作系统，设置一个可以引燃粉尘云的点火能量开始实验，然后以 10mJ 为步长逐步降低点火能量，直到同一测试能量值连续 10 次实验均未出现着火现象。

#### 3.2.1.2 结果与分析

经过反复实验，三种镍合金粉末和两种不锈钢粉末无论如何变换实验条件，均未观测到火焰离开电火花位置传播 60mm 以上，即未着火。而 TC4、TA15 和 AlSi10Mg 三种金属粉末在设定的实验条件下不仅能测出最小点火能量，还能得出其关于粉尘质量浓度和喷尘压力的变化规律。相关规律如下。

（1）粉尘质量浓度对粉尘云最小点火能量的影响

在研究最小点火能量与粉尘质量浓度关系的实验中，将哈特曼管的点火延迟时间设置为 60ms，喷尘压力设置为 0.3MPa。

图 3-4 呈现出在不同粉尘质量浓度条件下两种钛合金粉末和铝合金粉末的最小点火能量的变化趋势。从图中可以看出，TC4 粉末的最小点火能量先减小然后增大，在粉尘质量浓度为 1.667kg/m³ 时最小点火能量仅为 80mJ。TA15 粉末也是在粉尘质量浓度为 1.667kg/m³ 时最小点火能量最小，为 20mJ。AlSi10Mg 粉末的最小点火能量先减小后保持不变，在粉尘质量浓度为 1.667kg/m³ 和 2.084kg/m³ 时最小点火能量均为 80mJ。

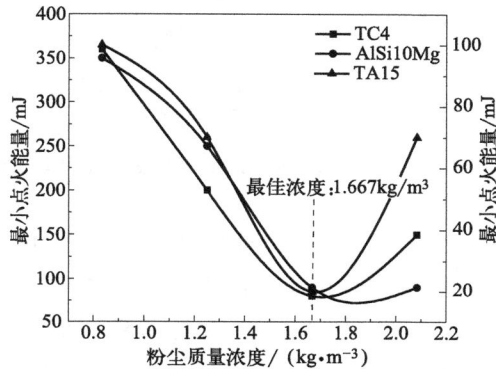

**图 3-4　钛合金粉末和铝合金粉末粉尘质量浓度对最小点火能量的影响**

当粉尘质量为 1g，粉尘质量浓度为 0.833kg/m³ 时，TC4、TA15 和 AlSi10Mg 的最小点火能量均为最高，此时粉尘质量浓度较低，粉末颗粒间距较大，火焰传播速率低，消耗热量较高。当粉尘质量浓度上升到 1.250～1.667kg/m³ 时，三种粉末的最小点火能量都明显下降，这是因为当粉尘质量浓度变大，点火电极附近积聚的粉尘颗粒变多，能直接被点燃的粉尘颗粒变多，粉末颗粒间距变小也有利于火焰自行传播，因而最小点火能量变小。当粉末质量继续增大，粉尘质量浓度达到 2.084kg/m³ 时，哈特曼管空间内的粉末相对过于密集，管内氧气不足以让全部粉末颗粒充分反应，且这三种金属粉单个粉末颗粒较重，因而下降速度更快，也更容易附着在点火电极上，两者共同造成了此浓度下的最小点火能量又有所增加。

（2）喷尘压力对粉尘云最小点火能量的影响

在研究最小点火能量与喷尘压力关系的实验中，将哈特曼管的点火延迟时间设置为 60ms，粉尘质量浓度调节为 1.667kg/m³。

不同喷尘压力条件下，两种钛合金和铝合金粉末的最小点火能量的变化趋势如图 3-5 所示。由图可知，此三种金属粉末的最小点火能量随喷尘压力变化的变化趋势大致相同，但钛合金粉末的最佳喷尘压力与铝合金粉末有所差异，两种钛合金粉末的最佳喷尘压力为 0.3MPa，而铝合金粉末为 0.2MPa。

当喷尘压力为 0.1MPa 时，喷尘压力较小且单个粉末颗粒较重，金属粉末

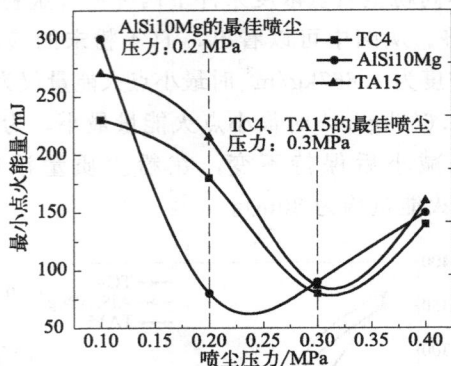

**图 3-5   喷尘压力对钛合金和铝合金粉末最小点火能量的影响**

无法形成均匀的粉层云，点燃金属颗粒需要更大的能量。喷尘压力增大至
0.2～0.3MPa 时，粉末颗粒在喷尘压力的带动下更快地运动到点火电极附近，
直接被引燃的粉末颗粒增多，最小点火能量下降。喷尘压力继续增大达到
0.4MPa 时，最小点火能量有所上升，原因为过大的喷尘压力将金属粉末喷出
哈特曼管外，参与反应的金属粉末减少，粉末颗粒间距离变大，传热需要耗费
更多的能量。

### 3.2.2   粉尘云最低着火温度实验研究

#### 3.2.2.1   实验装置及方法

选择并使用了 HY16429 型粉尘云最低着火温度测试仪（Godbert-Greenwald
炉装置），如图 3-6 所示，设备各项参数见表 3-4。

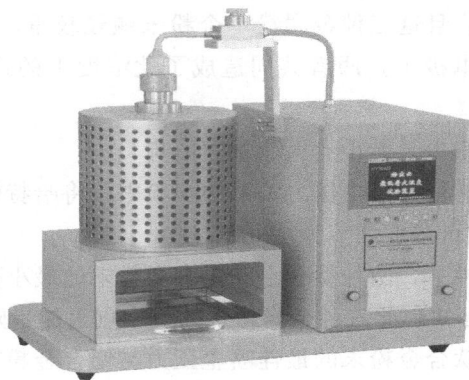

**图 3-6   Godbert-Greenwald 炉装置示意图**

表 3-4　粉尘云最低着火温度设备参数

| 温度测量范围/℃ | 0～1000 |
|---|---|
| 温度分辨率/℃ | 0.25 |
| 喷尘压力/MPa | 0～0.1 |

在粉尘云最低着火温度实验中，称取一定质量的金属粉末加入粉尘罐，恒温时间设置为 2s。实验过程中，如果在观察室外观测到火焰或滞后火焰，则视为着火。如果没有观测到火焰或滞后火焰，则将加热炉的温度升高 10℃，直到出现着火现象或加热炉温度已达到 1000℃。

### 3.2.2.2　结果与分析

通过反复实验，镍合金粉末 GH3625 和不锈钢粉末 304 在任何条件下均未观测到火焰或滞后火焰，视为未着火。镍合金粉末 GH4169、GH3536 和不锈钢粉末 316L 只能在特定的粉尘质量浓度和喷尘压力下才能出现着火现象。三种粉末的粉尘云最低着火温度实验数据如表 3-5 所示。而钛合金粉末和铝合金粉末不仅在上述粉尘质量浓度和喷尘压力下均能被点燃，且其粉尘云最低着火温度随着粉尘质量浓度和喷尘压力的增大，呈现出先上升后下降的趋势。

表 3-5　GH4169、GH3536 和 316L 粉末的粉尘云最低着火温度实验数据

| 粉末牌号 | 粉末质量浓度/(kg/m³) | 喷尘压力/MPa | 粉尘云最低着火温度/℃ |
|---|---|---|---|
| GH4169 | 4.444 | 0.04 | 900 |
| GH3536 | 4.444 | 0.04 | 950 |
| 316L | 3.333 | 0.03 | 860 |

（1）粉尘质量浓度对粉尘云最低着火温度的影响

结合粉尘云最低着火温度测试仪的容积（450mL）和粉末质量 1g、1.5g、2g、2.5g、3g 计算得到粉尘质量浓度依次为 2.222kg/m³、3.333kg/m³、4.444kg/m³、5.556kg/m³、6.667kg/m³。

在研究粉尘云最低着火温度与粉尘质量浓度关系的实验中，喷尘压力设置为 0.04MPa，恒温时间设置为 2s。

不同粉尘质量浓度条件下，钛合金和铝合金粉末的粉尘云最低着火温度先降低后升高，具体如图 3-7 所示。由图可知，TC4、TA15 和 AlSi10Mg 的粉尘云最低着火温度的变化趋势大致相同，但两种钛合金粉末的最佳浓度为 5.556kg/m³，而铝合金粉末的最佳浓度为 4.444kg/m³。

当粉末质量为 1g，粉尘云质量浓度为 2.222kg/m³ 时，容器内参与燃烧反应的粉末颗粒较少，颗粒间距大，引燃粉尘云需要更高的温度。粉末质量增加到 1.5～2.5g 时，参与反应的粉末颗粒增多，火焰在粉末颗粒间能够自行传导，最

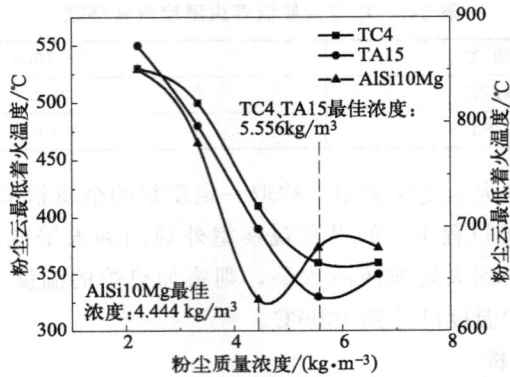

**图 3-7 钛合金和铝合金粉末粉尘云质量浓度对粉尘云最低着火温度的影响**

低着火温度降低。此后继续增加金属粉末质量，提高粉尘质量浓度，粉尘云最低着火温度又有所上升，这是因为容器内的氧气不足以让所有粉末颗粒充分反应。

（2）喷尘压力对粉尘云最低着火温度的影响

在研究粉尘云最低着火温度与喷尘压力关系的实验中，金属粉末质量浓度调节为 5.556kg/m³，恒温时间设置为 2s。

不同喷尘压力条件下，三种金属粉末的粉尘云最低着火温度的变化趋势如图 3-8 所示。由图可知，钛合金和铝合金粉末粉尘云最低着火温度的变化趋势都是先减少后增大，但是钛合金粉末的最佳喷尘压力是 0.04MPa，而铝合金粉末的最佳喷尘压力是 0.03MPa。

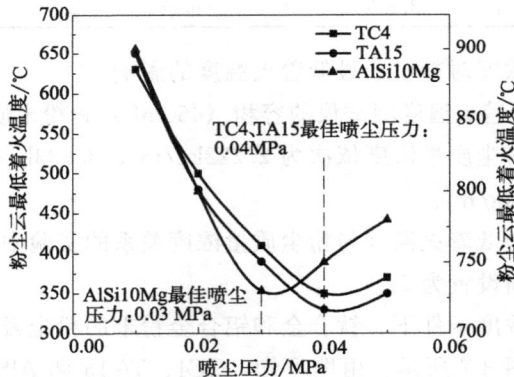

**图 3-8 钛合金和铝合金粉末喷尘压力对粉尘云最低着火温度的影响**

由分析可知，喷尘压力较小时，无法形成均匀的粉尘云，需要较高温度才能引燃粉尘云。喷尘压力增大后，金属粉末不仅能形成均匀的粉尘云，容器内的含氧量也有所上升，更有利于粉尘颗粒进行反应。但喷尘压力也不宜过大，过大的喷尘压力会加速金属粉末颗粒的降落且带入冷空气，降低设备内部温度，因而使粉尘云最低着火温度有所升高。

### 3.2.3　粉尘层最低着火温度实验研究

#### 3.2.3.1　实验装置及方法

为了进行实验，选择了 HY16430 型粉尘层最低着火温度测试仪，如图 3-9 所示。设备参数见表 3-6。

图 3-9　粉尘层最低着火温度装置示意图

表 3-6　粉尘层最低着火温度测试仪设备参数

| 测温范围 | 室温～500℃ |
| --- | --- |
| 温度分辨率 | 0.25℃ |
| 控温精度 | ±1℃ |
| 检测方式 | 差温检测 |

在粉尘层最低点火温度试验中，应将金属粉末铺满 5mm 金属环，然后放置在热表面升温加热。粉尘层着火的依据有：

① 粉尘层发生有焰或无焰燃烧；

② 粉尘层温度超过加热板温度 250℃；

③ 粉尘层温度超过 450℃。

若判定为不着火，则将热表面温度升高 10℃，直到出现粉尘层着火或热表面温度达到 450℃。

#### 3.2.3.2　结果与分析

经实验分析可知，此 8 种金属粉末都较难发生粉尘层着火现象。除两种钛合金粉末和一种铝合金粉末外，其他 5 种镍合金和不锈钢粉末当热表面温度达到 450℃时，仍无着火现象发生。8 种粉末的粉尘层最低着火温度实验数据如表 3-7 所示。

表 3-7　粉尘层最低着火温度实验数据

| 粉末牌号 | 粉尘层厚度 /mm | 热表面温度 /℃ | 粉尘层温度 /℃ | 实验结果 |
|---|---|---|---|---|
| TC4 | 5 | 380 | 476 | 着火 |
| TA15 | 5 | 380 | 458 | 着火 |
| AlSi10Mg | 5 | 420 | 462 | 着火 |
| GH4169 | 5 | 450 | 408 | 未着火 |
| GH3536 | 5 | 450 | 386 | 未着火 |
| GH3625 | 5 | 450 | 403 | 未着火 |
| 316L | 5 | 450 | 383 | 未着火 |
| 304L | 5 | 450 | 381 | 未着火 |

钛合金粉末和铝合金粉末虽然可着火，但其粉尘层最低着火温度都在 350℃以上。但值得注意的是，TC4 和 TA15 粉末在粉尘层最低着火温度下的粉尘层温度可以作为点火源引燃粉尘云，而 AlSi10Mg 粉末在粉尘层最低着火温度下的粉尘层温度则不能引燃粉尘云。从此角度而言，两种钛合金粉末的敏感性高于铝合金粉末。具体对比数据如表 3-8 所示。

表 3-8　钛合金和铝合金粉末的粉尘层最低着火温度数据对比

| 粉末牌号 | $MIT_C$ /℃ | $MIT_L$ /℃ | $MIT_L$ 下的粉尘层温度/℃ | 粉尘层温度是否可作为点火源 |
|---|---|---|---|---|
| TC4 | 460 | 380 | 476 | 是 |
| TA15 | 430 | 380 | 458 | 是 |
| AlSi10Mg | 680 | 420 | 462 | 否 |

## 3.2.4　粉尘云爆炸下限实验研究

### 3.2.4.1　实验装置及方法

使用图 3-10 所示的 20 L 球形爆炸测试系统完成本节中的实验。

20L 球形爆炸测试系统主要由三部分组成：设备外壳、控制系统和数据采集系统。设备外壳是带外壳的半双层不锈钢球，外壳内会形成高湍流的粉尘云并承受爆炸压力，这是 20L 球形爆炸测试系统的关键组成部分。该测试系统还配有工业 PLC（可编程控制器），用于控制粉末储罐的进气、喷尘、采样触发和点火等。同时，设备集成了数据采集系统，用于采集爆炸压力数据，这

图 3-10　20L 球形爆炸测试系统

是一款集数据分析、数据存储和曲线图像显示于一体的专业软件。

使用 2MPa 高压空气，将粉末储罐中的可燃粉尘通过机械双向阀和分散喷嘴喷射到已被抽真空的 20L 球（爆炸罐）内。通过计算机启动 PLC 进行采样，使用点火装置点燃气体和粉末的混合物。最后，分析并计算结果以完成测试。清洁球体后，可以进行重复测试。

在实验之前，将增材制造用金属粉末样品放入 50℃ 的恒温烘箱中，干燥 12h 以上，以减少金属粉末的水分对爆炸压力的影响。在电子天平上称量一定质量的金属粉末样品，用漏斗将金属粉末样品装入粉尘仓底部。根据爆炸罐的体积（20L）和金属粉尘的质量计算出相应的粉尘质量浓度。

根据《粉尘云爆炸下限浓度测定方法》（GB/T 16425—2018）中粉尘云爆炸下限的测定标准，粉尘云爆炸下限实验中使用能量为 2kJ 的点火头并将爆炸罐抽真空至 0.04MPa（绝对压力），将粉末储罐加压至 0.21MPa。启动压力测试仪，开启电磁阀，滞后 60ms 点燃引火源，对爆炸压力进行测定。调节粉尘质量浓度，连续三次试验压力峰值均小于 0.15MPa，绝对压力的最高粉尘质量浓度为 $C_1$，连续三次试验压力峰值均等于或大于 0.15MPa，绝对压力的最低粉尘质量浓度为 $C_2$，则爆炸下限浓度 $C_{\min}$ 的区间为 $C_1 < C_{\min} < C_2$。

### 3.2.4.2　结果与分析

两种不锈钢粉末（304L 和 316L）和镍合金粉末 GH4169 在粉尘质量浓度为 $1000 \mathrm{g/m^3}$ 和 $2000 \mathrm{g/m^3}$ 时计算所得 PR（pressure ratio）值均小于 2，根据粉尘可爆性检测标准 E1226-12a 判断，此三种粉末均不可爆，故不存在粉尘云爆炸下限。其余增材制造用金属粉末的粉尘云爆炸下限（MEC）实验数据见表 3-9。

表 3-9　MEC 实验数据

| 粉末牌号 | MEC/($\mathrm{g/m^3}$) | 粉末牌号 | MEC/($\mathrm{g/m^3}$) |
|---|---|---|---|
| TC4 | 60 | GH3536 | 750 |
| TA15 | 60 | GH3625 | 500 |
| AlSi10Mg | 75 | | |

## 3.3　增材制造用金属粉尘爆炸严重性实验分析

根据《粉尘云最大爆炸压力和最大压力上升速率测定方法》（GB/T 16426—1996）中粉尘云爆炸下限的测定标准，粉尘云最大爆炸压力及最大压力上升速率实验中需将爆炸罐抽真空至 0.06MPa（绝对压力）并将粉末储罐加压至 0.2MPa。使用能量为 10kJ 的点火源，启动压力测试仪，开启电磁阀，滞后 60ms 点燃引火源，对爆炸压力进行测定。调节粉尘质量浓度重复实验，以得到

爆炸压力 $p_{max}$ 和压力上升速率 $(dp/dt)_{max}$ 随粉尘质量浓度变化的曲线，根据曲线即可得到最大爆炸压力 $p_{max}$ 和最大压力上升速率 $(dp/dt)_{max}$。

（1）不可爆增材制造用金属粉末

通过反复实验，两种不锈钢粉末（304L 和 316L）和一种镍合金粉末（GH4169）均不可爆。304L 和 316L 粉末在 $1000g/m^3$ 和 $2000g/m^3$ 的浓度下所测出的爆炸压力曲线图与空白对照组（一个能量为 10kJ 的点火源）所测出的爆炸压力曲线图基本重合，具体见图 3-11 和图 3-12（作图的选点范围为 125ms 到 600ms，即从充压完成后开始选点到 600ms，此时间段能较好体现出压力从上升到下降的过程）。由此可见，这两种不锈钢粉末在实验过程中几乎没有发生反应。镍合金粉末 GH4169 的爆炸压力曲线图如图 3-13 所示，GH4169 粉末虽然不爆但是爆炸压力上升速率在 $1000g/m^3$ 和 $2000g/m^3$ 的浓度下都较大，分别达到 28.75MPa/s 和 45.44MPa/s，与两种不锈钢粉末形成对比，说明 GH4169 粉末在实验过程中发生了较为迅速的化学反应。虽然此三种金属粉末均不可爆，但从

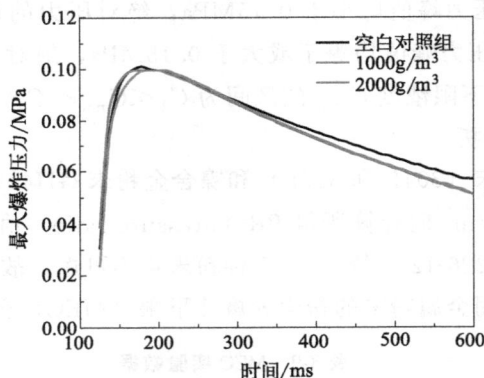

图 3-11　304L 爆炸压力曲线图

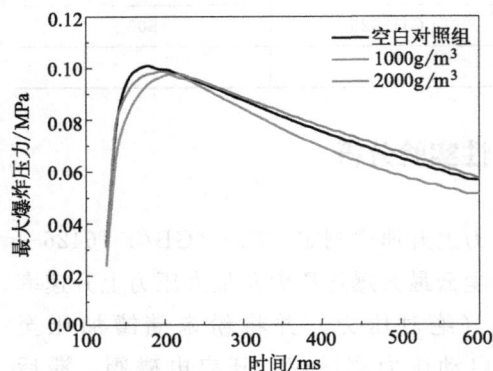

图 3-12　316L 爆炸压力曲线图

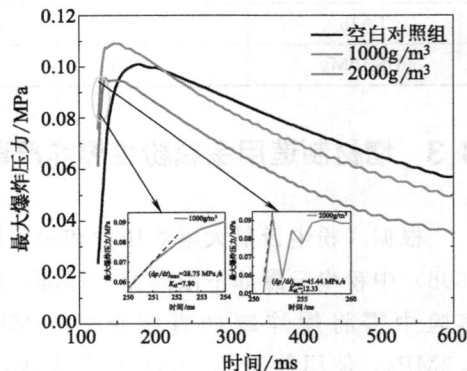

图 3-13　GH4169 爆炸压力曲线图

最大爆炸压力上升速率来看，仍能得到严重程度排序：GH4169＞304L、316L。

（2）可爆性增材制造用金属粉末

经过测试与计算，两种钛合金粉末（TC4 和 TA15）、一种铝合金粉末（AlSi10Mg）和两种镍合金粉末（GH3536 和 GH3625）计算所得的 PR 值均大于 2，为可爆性粉尘。这五种粉末的 $p_{max}$ 和 $(dp/dt)_{max}$ 均随粉尘质量浓度和喷尘压力的变化呈现出一定规律，具体规律分析如下。

可爆性增材制造用金属粉末的测试浓度在 $100\sim1500g/m^3$。首先对比两种钛合金粉末（TC4 和 TA15）和一种铝合金粉末（AlSi10Mg）的最大爆炸压力和最大爆炸压力上升速率，两者随粉尘质量浓度变化的曲线如图 3-14～图 3-16 所示。TC4 的最大爆炸压力为 0.41MPa，最大爆炸压力上升速率为 11.13MPa/s；TA15 的最大爆炸压力为 0.44MPa，最大爆炸压力上升速率为 14.84MPa/s；AlSi10Mg 的最大爆炸压力为 0.61MPa，最大爆炸压力上升速率为 55.62MPa/s。虽然 TC4 粉末和 TA15 粉末同为钛合金粉末，但由于 TA15 粉末的粒度略小于 TC4 粉

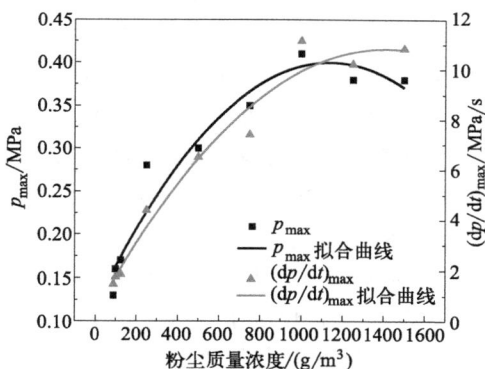

图 3-14 粉尘质量浓度对 TC4 粉末 $p_{max}$ 和 $(dp/dt)_{max}$ 的影响

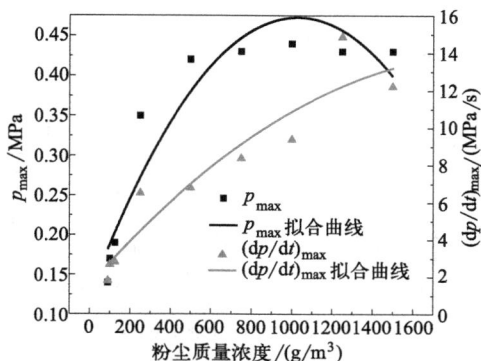

图 3-15 粉尘质量浓度对 TA15 粉末 $p_{max}$ 和 $(dp/dt)_{max}$ 的影响

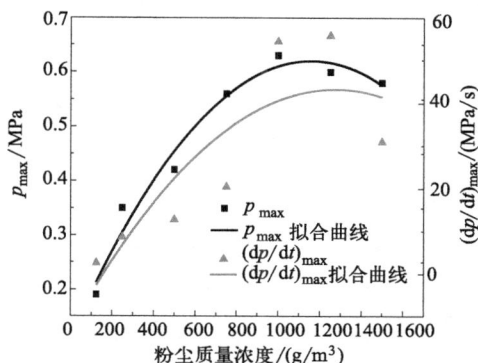

图 3-16 粉尘质量浓度对 AlSi10Mg 粉末 $p_{max}$ 和 $(dp/dt)_{max}$ 的影响

末，因此 TA15 粉末的 $p_{max}$ 和 $(dp/dt)_{max}$ 都略高于 TC4 粉末，其爆炸严重程度排序为 TA15＞TC4。而 AlSi10Mg 粉末无论是在 $p_{max}$ 还是在 $(dp/dt)_{max}$ 上都显著高于两种钛合金粉末。综上所述，三种粉末的爆炸严重程度的排序为 AlSi10Mg＞TA15＞TC4。

根据拟合曲线可知：粉尘质量浓度在 $100\sim1500g/m^3$ 范围内，随着粉尘质量浓度的增大，TC4 和 TA15 粉末的 $(dp/dt)_{max}$ 呈先增大后减小的趋势，AlSi10Mg 粉末的 $(dp/dt)_{max}$ 则依次增大。三者的 $p_{max}$ 都呈先增大后减小的趋势，且 TC4 和 TA15 粉尘质量浓度在 $1250g/m^3$ 附近时 $p_{max}$ 达到峰值，而 AlSi10Mg 则是在粉尘质量浓度为 $1000g/m^3$ 附近时 $p_{max}$ 达到峰值。这是因为随着粉尘质量浓度的增加，20L 球内参与反应的金属粉末颗粒增多，当容器内氧气充足时，金属粉末爆炸反应充分且迅速，故 $p_{max}$ 和 $(dp/dt)_{max}$ 随之增大。当粉尘质量浓度升高到一定值时，容器内形成的金属粉末粉尘云与氧气反应最为充分，$p_{max}$ 最大。而粉尘质量浓度继续增加时，20L 球内的氧气含量不足以让所有粉末颗粒参与反应，且火焰在粉末颗粒间传导的过程中也会消耗能量，从而降低了爆炸压力。值得一提的是，AlSi10Mg 粉末在 $100\sim1500g/m^3$ 范围内，$(dp/dt)_{max}$ 随粉尘质量浓度的增大而增大，但同 TA15 粉末的 $(dp/dt)_{max}$ 的变化趋势一样，并非会一直保持增长状态。由图 3-15 可知：$(dp/dt)_{max}$ 与粉尘质量浓度存在二次函数关系，随着粉尘质量浓度的增大，TA15 粉末 $(dp/dt)_{max}$ 也会达到峰值，此后再增加粉尘质量浓度，$(dp/dt)_{max}$ 会出现下降趋势。

此外，对比两种镍合金粉末的 $p_{max}$ 和 $(dp/dt)_{max}$，GH3625 和 GH3536 粉末随粉尘质量浓度变化的曲线如图 3-17 和图 3-18 所示。GH3625 粉末的最大爆炸压力为 0.25MPa，最大爆炸压力上升速率为 4.49MPa/s。GH3536 粉末的最大爆炸压力为 0.25MPa，最大爆炸压力上升速率为 4.33MPa/s。两种镍合金粉末虽然可爆，但都属于爆炸严重性较低的金属粉末，通过数据对比，两种镍合金粉末的爆炸严重程度排序为 GH3625＞GH3536。

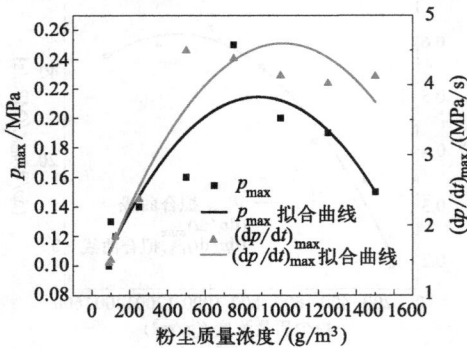

图 3-17　粉尘质量浓度对 GH3625 粉末 $p_{max}$ 和 $(dp/dt)_{max}$ 的影响

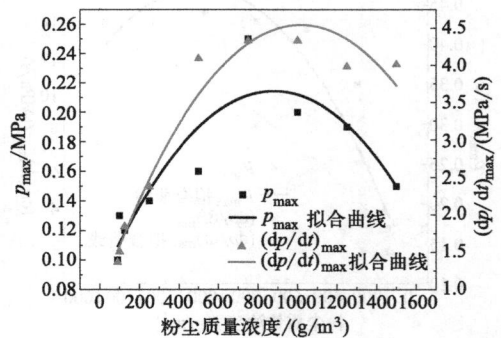

图 3-18　粉尘质量浓度对 GH3536 粉末 $p_{max}$ 和 $(dp/dt)_{max}$ 的影响

## 3.4 增材制造用金属粉尘的敏感性与严重程度排序

通过多项数据对比分析，不难得出钛合金粉末（TC4、TA15）和铝合金粉末（AlSi10Mg）爆炸敏感性均较高的结论。但 TA15 粉尘云的最小点火能量和粉尘云最低着火温度等都小于 TC4 和 AlSi10Mg 粉末，而 TA15 粉尘层的最低着火温度低于 AlSi10Mg 粉末，由此可以得出此三种粉末的敏感性排序为 TA15＞TC4＞AlSi10Mg。镍合金粉末（GH3536、GH3625 和 GH4169）是所有高温合金粉末中耐高温强度最高的，其粉尘云既不容易被一定能量点燃，粉尘云和粉尘层也不易着火。根据 GB/T 150—2024《压力容器》的规定，含碳量较高的 316L 粉末的最高工作温度可高达 900℃，而 304L 也是稳定性强、耐高温且耐腐蚀的合金粉末。因此，两种不锈钢粉末同样不易被点燃且不易发生着火。虽然镍合金粉末和不锈钢粉末在最小点火能量上相差无几，但 316L 粉末的粉尘层最低着火温度略低于其他几种粉末，因此可得出典型增材制造用金属粉末的爆炸敏感性排序为 TA15＞TC4＞AlSi10Mg＞316L＞GH4169＞GH3536＞GH3625、304L。

通过对最大爆炸压力和最大爆炸压力上升速率数据的对比，可以得出增材制造用金属粉末爆炸严重程度排序为 AlSi10Mg＞TA15＞TC4＞GH3625＞GH3536＞GH4169、316L、304L。

## 3.5 增材制造用金属粉末风险等级划分

粉尘爆炸自身的特性是决定爆炸发生概率和爆炸后果大小的本质因素，是影响增材制造技术火灾爆炸风险等级的关键因素。Ebadat 提出通过对粉尘的"爆炸可能性"和"爆炸严重程度"进行测试来评估粉尘爆炸风险并选择合适的安全设施。本节就采用这样的思路，从增材制造用金属粉末的爆炸敏感性和严重性两个方面综合考量其危险等级。

### 3.5.1 增材制造用金属粉末爆炸敏感性分级

粉尘爆炸敏感性主要由粉尘云最小点火能量（MIE）、粉尘云最低着火温度（$MIT_C$）、粉尘层最低着火温度（$MIT_L$）、粉尘云爆炸下限（MEC）进行综合度量，其中 MIT 取 $MIT_C$ 或 $MIT_L$ 两者较低值，形成 3 个评价指标。通过大量文献调查并结合粉尘爆炸数据库，根据标准规范和学术研究测试分别得到各项指标的分级，来确定增材制造用金属粉末爆炸敏感性的等级，如表 3-10 所示。

表 3-10  增材制造用金属粉末爆炸敏感性分级

| 等级 | 1 | 2 | 3 | 4 |
|---|---|---|---|---|
| $MIT_C$ 或 $MIT_L$/℃ | >600 | 450～600 | 300～450 | ≤300 |
| MIE/mJ | >100 | 30～100 | 10～30 | ≤10 |
| MEC/(g/m³) | >100 | 50～100 | 25～50 | ≤25 |

### 3.5.2  增材制造用金属粉末爆炸严重程度分级

粉尘爆炸特性决定了爆炸后释放能量的大小。可爆性粉尘属于第一类危险源，直接影响事故后果的严重程度。粉尘爆炸能量越高，爆炸压力和爆炸指数越大，主要由最大爆炸压力（$p_{max}$）、爆炸指数（$K_{st}$）确定爆炸严重程度的等级。对两个爆炸严重程度参数进行二维矩阵等级划分并对应赋值1～4，见表3-11。

表 3-11  增材制造用金属粉末爆炸严重程度分级

| 分级 | | $p_{max}$/MPa | | | |
|---|---|---|---|---|---|
| | | $p_{max}<0.3$ | $0.3\leqslant p_{max}<0.6$ | $0.6\leqslant p_{max}<1.0$ | $1.0\leqslant p_{max}$ |
| $K_{st}$ /(MPa·m/s) | $K_{st}<20$ | 1 | 2 | 3 | 4 |
| | $20\leqslant K_{st}<30$ | 2 | 3 | 4 | 4 |
| | $30\leqslant K_{st}$ | 3 | 4 | 4 | 4 |

### 3.5.3  增材制造用金属粉末爆炸风险等级划分依据

综合考量增材制造用金属粉末的爆炸敏感性和严重程度，采用二维矩阵的方式对增材制造用金属粉末进行爆炸风险等级划分。其中，从低到高，金属粉末的危险程度依次递增。划分依据见表3-12。通过增材制造用金属粉末危险等级划分依据可得，风险等级为高的粉末为AlSi10Mg，等级为较高的为TA15和TC4，等级为一般的为GH3536和GH3625，等级较低为GH4169，等级低的为316L和304L。

表 3-12  增材制造用金属粉末爆炸风险等级划分

| 分级依据 | 敏感性 | | | | |
|---|---|---|---|---|---|
| | 分级 | 1 | 2 | 3 | 4 |
| 严重程度 | 1 | 低 | 较低 | 较低 | 较高 |
| | 2 | 较低 | 一般 | 一般 | 高 |
| | 3 | 一般 | 较高 | 较高 | 高 |
| | 4 | 较高 | 较高 | 高 | 高 |

# 第4章

# 典型增材制造用金属粉尘
# 火焰及影响因素研究

通过实验分析火焰传播方式和多个因素对火焰特性的影响，包括喷尘压力、延迟时间、受限空间密闭状态、粉尘质量浓度以及点火能量等。通过详细的实验方案和结果分析，探讨这些因素如何影响火焰传播速度和爆炸行为，为增材制造中金属粉末的火焰控制和风险管理提供理论支持。

## 4.1 实验样品

在实验之前，需将 AlSi10Mg 粉末在烤箱中连续干燥 8h 以上，将干燥好后的粉末样品装在密封袋中，并储存在带有干燥剂的干燥器中，以确保实验样品的水分含量（质量分数）在 5% 以内。

实验采用的是某科技公司生产的增材制造用 AlSi10Mg 粉末，该 AiSi10Mg 粉末符合 Q/AMC 4-5-01-2018 质量标准，元素含量明细如表 4-1 所示。

表 4-1  AlSi10Mg 元素含量

| 元素含量(质量分数)/% | | | | | | |
|---|---|---|---|---|---|---|
| Si | Fe | Mn | Mg | Zn | Ni | Al |
| 9.0～11.0 | ≤0.55 | ≤0.45 | 0.2～0.45 | ≤0.1 | ≤0.05 | 余量 |

该 AlSi10Mg 粉末具有密度低、热导率高、耐腐蚀性好等特点，且由于其制造工艺成熟，被广泛应用于航空航天等领域的零件制造。

为了更好地了解 AlSi10Mg 粉末及惰性粉体的粒度分布情况，选用了丹东百特公司的 BT-9300LD 型激光粒度分布仪对粉末样品进行测试分析。该粒度分析仪有干法和湿法两种测试方法，本节采用的是干法测试，利用空气作为介质，测试方便快捷且测试结果准确。通过测试分析得到了如图 4-1 所示粒度分布图，分

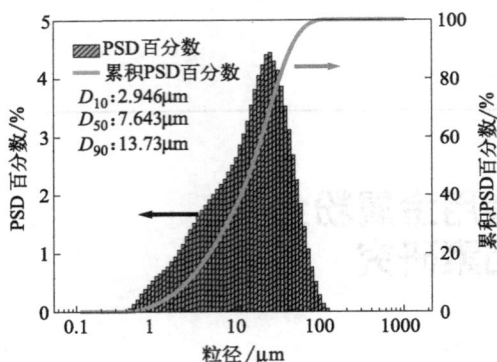

图 4-1　AlSi10Mg 粉末粒度分布图

析得到 AlSi10Mg 粉末的 $D_{50}$ 为 $7.643\mu m$，且 AlSi10Mg 粉末粒度分布较为集中。$D_{50}$ 指的是样品的粒度分布（PSD）百分数累积到 $50\%$ 时所对应的粒径，从而成为衡量粉体平均粒度的一个重要参考。

利用扫描电子显微镜分析样品的形貌特征，具体扫描电镜图如图 4-2 所示，右上角的图是将 AlSi10Mg 粉末放大 1000 倍的效果，左下角的图是将右上角的图中标 2 的部分进一步放大得到的。即使放大了几千倍，依旧可以发现 AlSi10Mg 球形度非常好，其中 Al 元素占比最高，占总含量的 $90\%$ 左右，第二高的为 Si 元素。

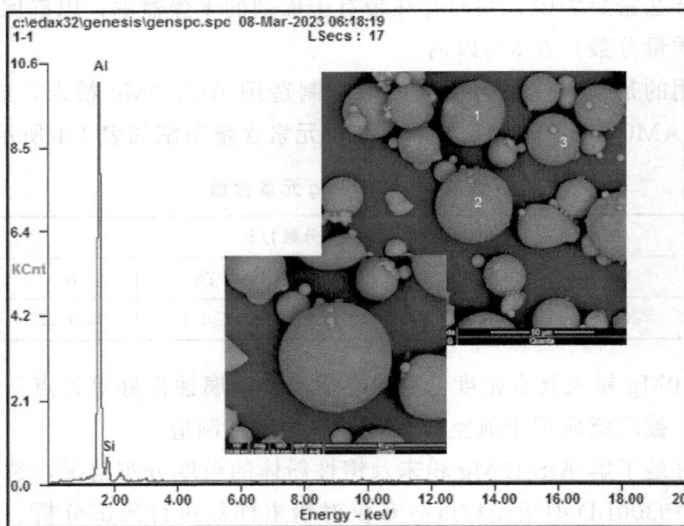

图 4-2　AlSi10Mg 粉末扫描电镜图

## 4.2 分析方法

为了更好地分析 AlSi10Mg 粉末爆炸火焰，需要对用高速摄像机拍摄的图像进行处理，从而获得每帧图像中火焰的传播速度、亮度、面积等信息，对 AlSi10Mg 粉末爆炸火焰进行定量分析。具体分析流程如图 4-3 所示。

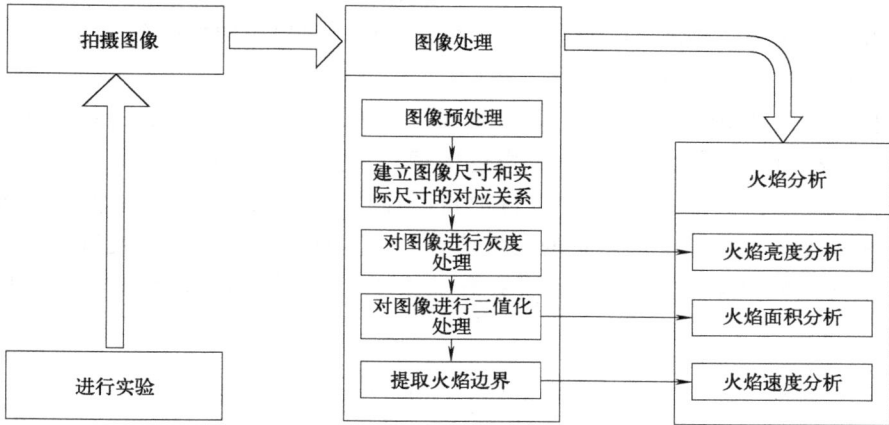

图 4-3 火焰分析流程图

### 4.2.1 图像处理

（1）图像预处理

为识别出爆炸火焰在高速摄像机拍摄的图像中的准确位置，需要对原始图像进行预处理，去除图像中不必要的部分，只保留火焰以及黑色背景，从而降低计算量、提高效率。

（2）图像尺寸和实际尺寸的联系

为准确分析爆炸火焰的特征，需要对图像像素与真实爆炸火焰传播距离的比例进行转换。因为在用高速摄像机记录 AlSi10Mg 粉末爆炸火焰传播过程时，高速摄影机每次都需要调整距离和对焦，所以每次拍摄到的照片与真实的大小都会存在一定差异，而后续的火焰传播分析都是基于所拍摄到的照片进行的。所以，对于每个拍摄环境，都要将图像与实际尺寸进行匹配，从而确保能够将尺寸改变反映出来，真实地描述火焰特征。如实验时的哈特曼管内径为 70mm，高度为 275mm，裁剪后的图像中哈特曼管占据的像素为 $104\times440$，图像的分辨率结合哈特曼管的尺寸，就可以通过式（4-1）推算出在爆炸火焰图像中每一个像素点所代表的实际高度为 0.625mm。

$$k = \frac{275\mathrm{mm}}{440\text{ 像素}} = 0.625\mathrm{mm}/\text{像素} \tag{4-1}$$

根据此对应关系就可计算出图像中距离反映出的实际距离。

（3）对图像进行灰度处理

为了获得 AlSi10Mg 粉末爆炸火焰的亮度，需要对图像进行灰度化处理，即将处理后的彩色图像按照一定的比例转换为不同饱和度的灰度图像。该转换使用黑色作为基色，每个像素的亮度以 0～255 表示，通过转换像素的饱和度与黑色的饱和度比例获得每个像素点的灰度值。因此，可以用转换后图像的灰度值表示原始图像中火焰的亮度。

任何颜色都由红、绿、蓝三基色组成，假如原来某点的颜色采用 RGB（R，G，B），利用 Gamma 校正算法对彩色图像进行处理。具体操作为：对不同通道里的三基色值按照式（4-2）进行加权，加权后得到的数值就是将彩色图像转换成灰度图像后每个像素点的灰度值，转换后存到对应的二维数组里面，这个数组就是转换后的灰度图像抽象意义上的二维数组，显示出来就是灰度图像。

$$Gray = \sqrt[2.2]{\frac{R^{2.2} + 1.5G^{2.2} + 0.6B^{2.2}}{1 + 1.5^{2.2} + 0.6^{2.2}}} \tag{4-2}$$

最后，通过遍历的方式读取每个像素的灰度值，并存入一个新数组中。

（4）对图像进行二值化处理

通过阈值法，可以将一帧图像分解为由目标物体、背景和噪声组成的二值模型，以便更加准确地提取出火焰（即目标物体），更好地计算每帧图像中火焰的面积，分析 AlSi10Mg 粉末爆炸火焰面积随时间的变化趋势。具体步骤如下。

通过对比火焰和背景的颜色，把它们设置成两个独立的等级，从中选取一个合适的灰度值作为阈值来决定哪些像素属于火焰，哪些属于背景，将灰度值大于阈值的像素设置为 255，将灰度值小于阈值的像素设为 0，从而将图像变为只有黑白两色的二值化图像，其中火焰用白色表示，背景用黑色表示。

如果将 0～255 分别作为阈值代入每一帧图像中去获取二值化图像，效率太低。因此，日本学者在 1979 年提出了一种既高效又准确的算法来解决这个问题，这个算法就是大津法（OTSU）。OTSU 算法的核心是类间方差，因此又被称为最大类间方差法。大津法的原理如表 4-2 所示，计算背景和火焰的灰度占总体的比例、平均灰度以及类间方差，而类间方差可以反映背景和火焰的差异，因此当求得的类间方差最大时，两部分的差异最大，此时的灰度值即所求阈值。可以通过这个阈值轻松地将图像转换为二值化图像。以下为公式推导过程。

表 4-2　大津法二值化原理

| 项目 | 灰度占总体的比例 | 平均灰度 | 类间方差 |
|---|---|---|---|
| 背景 | $\omega_1$ | $\mu_1$ | |
| 目标物体 | $\omega_2$ | $\mu_2$ | |
| 图像 | $\omega_0$ | $\mu_0$ | $\sigma^2$ |

背景灰度占图像总灰度的比例可由以下公式表示

$$\omega_1 = \sum_{i=0}^{k} \omega_i \tag{4-3}$$

式中　$k$——假定阈值 TH；

$\omega_i$——灰度值为 $i$ 占图像总灰度的比例。

平均灰度为

$$\mu_1 = \frac{1}{\omega_1} \sum_{i=0}^{k} \omega_i i \tag{4-4}$$

目标物体灰度占图像总灰度的比例为

$$\omega_2 = \sum_{i=k+1}^{l} \omega_i \tag{4-5}$$

式中　$l$——图像的像素级，通常都是 255。

平均灰度为

$$\mu_2 = \frac{1}{\omega_2} \sum_{i=k+1}^{l} \omega_i i \tag{4-6}$$

且有

$$\omega_1 + \omega_2 = 1$$

则图像总体的平均灰度为

$$\mu_0 = \mu_1 \omega_1 + \mu_2 \omega_2 \tag{4-7}$$

则根据类间方差的概念可以求出该阈值处的类间方差

$$\sigma^2 = \omega_1 \mu_1 - \mu_0^2 + \omega_2 \mu_2 - \mu_0^2 \tag{4-8}$$

进行化简可以得到

$$\sigma^2 = \omega_1 \mu_1^2 + \omega_2 \mu_2^2 - \mu_0^2 \tag{4-9}$$

利用大津法对图像进行二值化处理的具体操作步骤如下：

① 生成灰度直方图，并进行归一化处理，得到比例直方图；

② 通过生成的比例直方图利用公式计算整帧图像的平均灰度 $\mu_0$；

③ 灰度值从 0 迭代到 255，计算目标物体和背景的类间方差；

④ 对比得到最大类间方差，并将此时的灰度值作为阈值，对图像进行二值化处理。

（5）提取火焰边界

为了计算火焰长度，需要在求得的二值化图像中检测出火焰边缘。通常采用Canny 边缘检测算法检测边缘，该算法有以下 5 个步骤：

① 使用高斯滤波技术处理图像，以消除噪声、平滑图像并提高图像质量；

② 寻找图像的强度梯度以确定边缘可能存在的位置；

③ 采用非最大抑制技术来减少产生边缘检测错误的可能性；

④ 采用双阈值算法识别出可能存在的边界；

⑤ 利用滞后技术来跟踪边界。

检测出边缘后，需对边缘进行提取，具体方法如下：

通过遍历二值化图像的所有像素，并将二值化图像中任一个 255 值像素作为参考点，检查搜索参考点范围内的 8 个像素点，如果发现这 8 个像素点中至少存在一个像素为 0 的点（背景点），那么这个位置就被认定为是图像的边缘；反之，就被认定为是非边界点。

图 4-4 所示为利用上述图像处理方法处理得到的火焰图像，其中第一行火焰为经过简单裁剪后拼接得到的火焰；第二行火焰为进行灰度化处理后的图像，可以明显看出火焰的明暗变化；第三行火焰为进行二值化处理后的图像；第四行是提取到的火焰边界。可以看出，本节的火焰分析方法对火焰提取较为准确，使得后续分析的结果更准确。

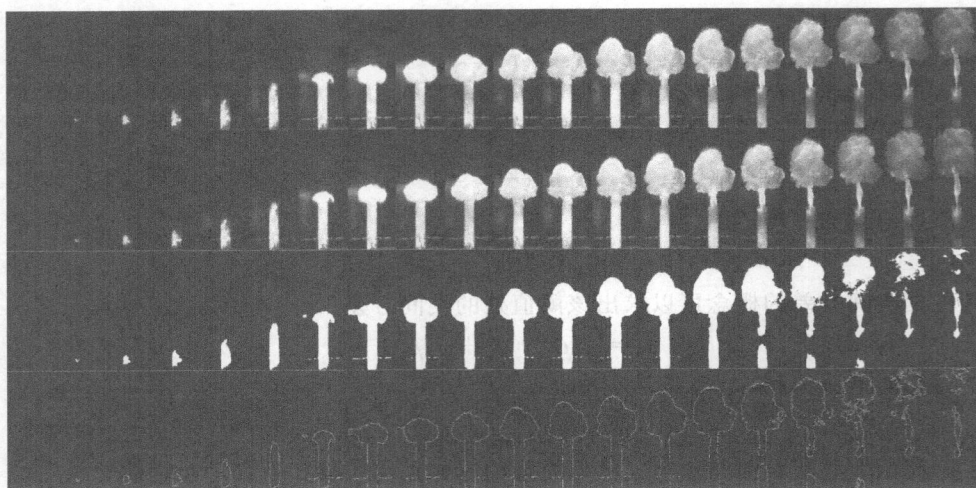

**图 4-4　火焰图像分析流程示意图**

## 4.2.2　火焰分析

（1）火焰速度分析

在得到的火焰边界图像中，通过遍历的方法找出代表边缘的像素点所在的坐标中纵坐标最大的点，该点的纵坐标值即为爆炸火焰前峰在竖直方向上能到达的最远距离。利用这种方法求得每一帧图像火焰前峰所在像素点的纵坐标值，并在这个基础上减去点火电极所在的像素的坐标值，就可以得到火焰在图像上传播距离的像素值，然后利用式（4-10）计算出每一帧火焰前峰的实际传播距离。之后就可以绘制 AlSi10Mg 粉末爆炸火焰传播距离随时间的变化趋势图，并进行分析。

两帧图像之间火焰传播距离之差与这两帧图像之间的时间间隔的比值，即为该时间间隔内 AlSi10Mg 粉末爆炸的平均火焰速度。如果时间差无限接近于零，得到的平均速度就趋近于那一刻的瞬时火焰速度。

由此可以得出两帧之间的火焰瞬时速度计算公式为

$$v = \frac{\Delta l}{\Delta t} = \frac{(l_i - l_{i-1}) \times k}{\Delta t} = \frac{(l_i - l_{i-1}) \times k}{\frac{1}{f}} \tag{4-10}$$

式中    $\Delta l$ —— 两帧时间间隔内火焰移动距离；

　　　　$\Delta t$ —— 时间间隔；

　　　　$l_i$ —— 第 $i$ 秒火焰传播距离；

　　　　$f$ —— 采样频率。

利用公式计算出每一帧的火焰瞬时速度，并绘制火焰瞬时速度随火焰传播距离的变化趋势图，以此分析火焰传播速度的变化趋势。

将公式中的 $\Delta l$ 换为最后一帧图像与第一帧图像之间火焰传播距离之差，$\Delta t$ 换作最后一帧图像与第一帧图像之间的时间间隔，则可以计算出火焰传播过程中的火焰平均速度。

通过计算后一帧火焰传播速度减去前一帧火焰传播速度所得到的时间间隔内火焰传播速度差值，可以得出两帧之间火焰平均加速度的计算公式

$$a = \frac{\Delta v}{\Delta t} = \frac{v_i - v_{i-1}}{\Delta t} = \frac{v_i - v_{i-1}}{\frac{1}{f}} \tag{4-11}$$

式中    $\Delta v$ —— 两帧时间间隔内火焰传播速度差值；

　　　　$v_i$ —— 第 $i$ 秒火焰传播速度。

图 4-5 为利用通过分析方法计算出的火焰传播距离绘制的火焰传播距离随时间变化趋势图，可以看出 AlSi10Mg 粉末爆炸火焰传播距离会随着时间的增加而增加，在传播初期，火焰传播距离增加较快，在后期火焰传播距离的增速减慢。

图 4-6 为利用通过分析方法计算出的火焰传播距离绘制的火焰瞬时速度随火焰传播距离变化趋势图，可以看出随着火焰传播距离的增加，AlSi10Mg 粉末爆

炸火焰传播速度会迅速增加，在接近哈特曼管顶部时达到最大值，之后就会迅速下降，在达到一定值后趋于稳定，并且在火焰传播过程中，火焰瞬时速度一直在波动。

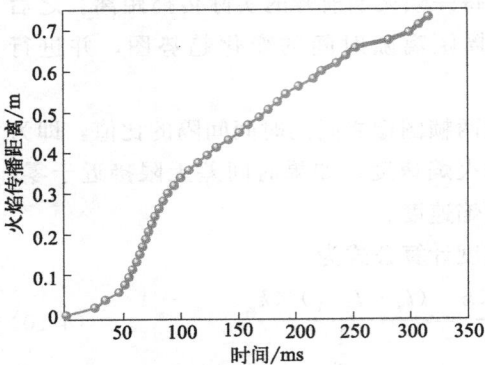

图 4-5　火焰传播距离随时间变化趋势图

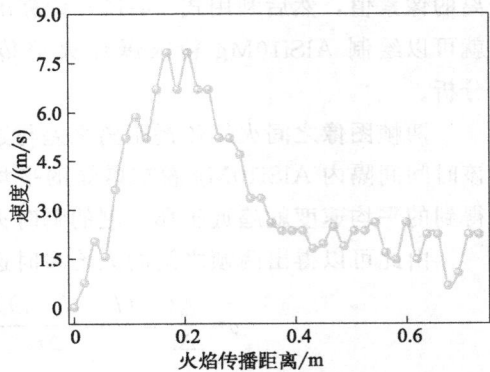

图 4-6　火焰速度随火焰传播距离变化趋势图

（2）火焰面积分析

在得到的二值化图像中，白色像素代表火焰，黑色像素代表背景，因此可以通过计算图像中白色像素的数量来计算火焰面积。具体方法为：遍历图像中的每一个像素，并将白色像素的数量进行累加，就可以得到火焰占据的像素的数量，通过计算白色像素和总像素的比值可以得到火焰像素占图像像素的比例。得到火焰像素占图像像素的比例后，就可以利用图像尺寸与实际尺寸之间的关系计算出火焰面积。具体计算公式为

$$V = \frac{area_{\text{w}}}{area_{\text{sum}}} \times k^2 \tag{4-12}$$

式中　$area_{\text{w}}$——白色像素总数；

　　　$area_{\text{sum}}$——图像总像素数。

利用公式计算出每一帧的火焰面积，并以时间为横坐标、面积为纵坐标作图，得到火焰面积变化趋势图，以此分析火焰面积的变化趋势。图 4-7 即为利用图 4-6 得到的每一帧火焰面积进而绘制出的火焰面积随时间变化趋势图。可以看出，火焰面积随着时间的增加而增加，在火焰前期火焰面积增长较慢，之后火焰面积快速增加，在火焰面积到达最大值之后又会迅速下降。

（3）火焰亮度分析

在灰度图中，白色像素点的像素值为 255，黑色像素点的像素值为 0，灰色像素点的像素值则在 0～255 之间。因此，可以用灰度来近似表示图像的亮度，且灰度值越大，代表该像素越亮。

通过遍历每一帧灰度图，将每个像素点的灰度值进行求和，然后计算平均灰

度值，将这一帧的平均灰度值作为这一帧的亮度，以此分析火焰亮度随时间变化的规律。图 4-8 即为利用通过分析方法计算出的平均灰度值绘制出的火焰亮度随时间变化趋势图，可以看出火焰亮度会随着时间的增加呈现出先增加后减小的趋势，火焰亮度的变化趋势和火焰面积类似，都是在火焰前期增加缓慢，随后迅速增加，在达到最大值之后迅速下降。

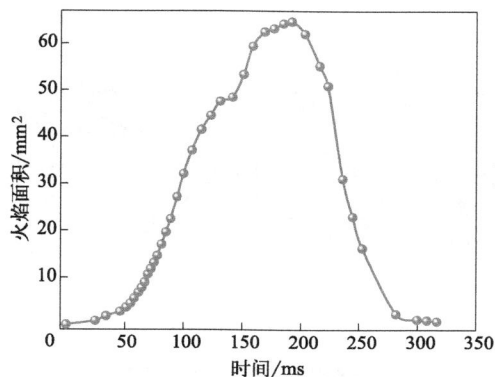

图 4-7　火焰面积随时间变化趋势图　　　　图 4-8　火焰灰度随时间变化趋势图

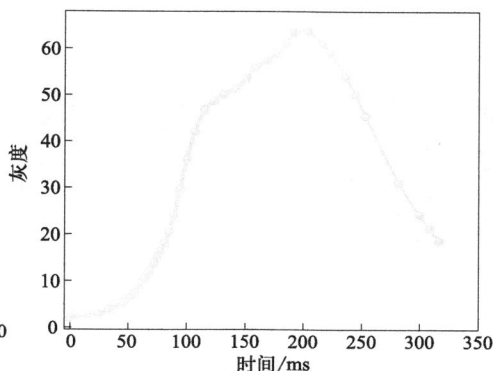

为了确定最佳的点火延迟时间，需要借助高速摄像机拍摄增材制造用铝合金粉尘云的形成过程，通过控制变量法研究不同喷尘压力以及粉尘质量浓度对粉尘云形成时间以及均匀度的影响。首先将点火装置的点火能量设置为 0 以确保粉尘云不被点燃，将点火延迟时间设置为 200ms，然后将增材制造用铝合金粉末均匀铺撒在装置底部，通过喷粉控制高速电磁阀将增材制造用铝合金粉末扬起，在哈特曼管中形成粉尘云，将高速摄像机的帧率设置为 200 帧/s，拍摄自喷粉瞬间开始到喷粉后 200ms 内的粉尘云形成过程以进行分析。

以质量为 1.5g 的铝合金粉末样品为例，通过改变喷尘压力，得到五组不同喷尘压力下的粉尘云形成过程，如图 4-9 所示。可以看出，粉尘云高度会随时间的增加而增加，在 60ms 内增加相对迅速，而在 60ms 以后粉尘云高度增加较慢。对比发现，在喷尘压力为 100kPa 和 150kPa 时，粉尘云并不能充满整个哈特曼管，而在喷尘压力达到 200kPa 后，粉尘云可以充满整个哈特曼管，但当喷尘压力为 250kPa 和 300kPa 时，由于压力过大，粉尘云会溢出管外，导致粉尘云浓度下降。因此，可以看出在喷尘压力为 200kPa 时，粉尘云会充满整个哈特曼管，且此时粉尘云浓度适中。

由图 4-9 可以看出，粉尘云顶部的质量浓度会略低，但由于每次喷粉后不好直接测量得出具体的粉尘云质量浓度，因此会忽略这一偏差，将粉尘云视为均匀分布，通过粉尘云质量与哈特曼管的体积的比值大致估算粉尘云质量浓度。

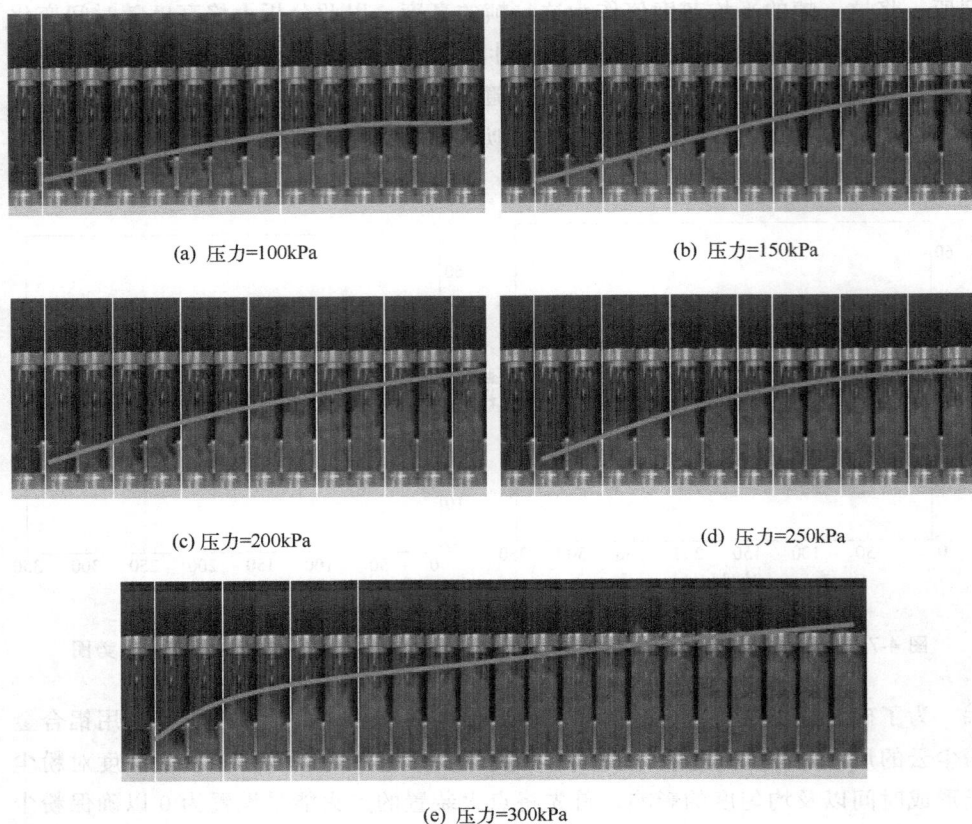

(a) 压力=100kPa

(b) 压力=150kPa

(c) 压力=200kPa

(d) 压力=250kPa

(e) 压力=300kPa

图 4-9　不同压力下增材制造用铝合金粉尘云

同样地，维持喷尘压力不变，改变粉尘质量进行实验也会得到类似结论，并且可以发现粉尘质量为 1.5g 时会形成较为均匀的粉尘云。综合对比粉尘质量以及喷尘压力对粉尘云的影响，可以发现在点火延迟时间为 60ms 时，粉尘云可以刚好充满哈特曼管，且此时的粉尘云分布较为均匀。因此，在后续研究中将 60ms 设为最佳点火延迟时间。

通过调研文献以及前期实验分析得到增材制造用铝合金粉末的最佳实验条件，如表 4-3 所示。

表 4-3　最佳实验条件

| 喷尘压力/kPa | 粉尘质量/g | 粉尘质量浓度/(kg/m³) | 延迟时间/ms |
|---|---|---|---|
| 200 | 1.5 | 1.25 | 60 |

因此，基于此实验条件研究喷尘压力、延迟时间、受限空间密闭状态、粉尘质量浓度以及点火能量等因素对粉末爆炸火焰的影响。

## 4.3　火焰传播方式

在之前确定的最佳实验条件下进行点火实验，借助高速摄像机拍摄增材制造用铝合金粉末爆炸火焰发展过程，可以发现增材制造用铝合金粉末爆炸火焰在哈特曼管中的发展可以分为三个阶段，分别是点火阶段、竖直传播阶段和自由扩散阶段，如图 4-10 所示。第一阶段，增材制造用铝合金粉末在点火电极处点燃，并发出微弱的光，慢慢向各个方向扩散。第二阶段，火焰触碰到哈特曼管底部及管壁后，火焰开始竖直传播，并在管内产生巨大的压力带动火焰迅速向上发展。火焰从管道中释放出来后，火焰传播进入自由扩散阶段，热空气扩散开并稳定下来，然后在从下面升起的热空气的温暖下，又开始上升，在哈特曼管顶部形成了一朵火蘑菇云，如图 4-11 所示。

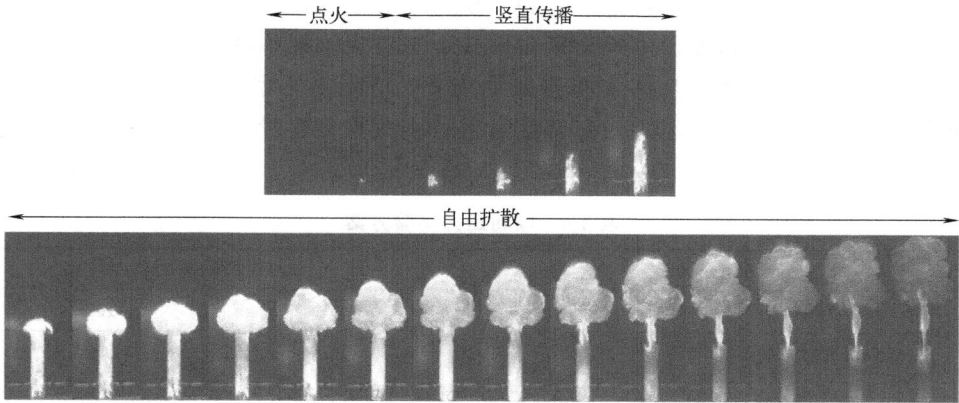

图 4-10　火焰发展过程分析图

粉尘爆炸期间有两种类型的火焰传播模式。一种类似于预混气体爆炸中的均相模式，主要由动力学控制；另一种是非均相模式，主要由汽化、热解和/或脱脂操纵。这两种模式不仅可以共存，还可以相互转换，这取决于粉尘云的挥发性和粒径。哈特曼管中增材制造用铝合金粉末的爆炸火焰传播主要为非均相传播。在增材制造用铝合金粉末爆炸火焰传播的过程中，有许多发光的黄色点，这些点可能是由粉末颗粒不完全燃烧而导致的烟尘颗粒产生的。小的发光火焰逐渐长大，相互结合，形成

图 4-11　爆炸火焰模型

不规则形状的发光区。在自由扩散过程中，两个较小的颗粒产生了连续的火焰，火焰前沿光滑，表明这些颗粒燃烧得更彻底。由最大颗粒产生的火焰表现出离散的结构，火焰前峰不连续，说明大颗粒只有表面被烧，内部未完全反应，燃烧不充分、不完全。因此，当粉末粒径较小时，其火焰传播主要由均相燃烧控制，而当粉末粒径较大时，火焰传播主要由非均相燃烧控制。

## 4.4 喷尘压力对火焰特性影响研究

### 4.4.1 实验方案

在点火能量为 500mJ、点火延迟时间为 60ms、增材制造用铝合金粉末质量为 1.5g 的条件下，借助高速摄像机以 2500 帧/s 的帧率拍摄不同喷尘压力下增材制造用铝合金粉末的火焰传播行为，研究增材制造用铝合金粉末爆炸火焰形貌特征、火焰传播速度、火焰面积（图片中二维火焰图像的面积）以及火焰亮度与喷尘压力的关系，具体实验方案如表 4-4 所示。为了减少实验的偶然性，使实验结果更准确、可靠，对每个变量进行多次重复实验，并确保每次得到的实验结果都类似。

表 4-4　喷粉压力实验方案

| 固定条件 | | 变量 | |
| --- | --- | --- | --- |
| 膜层数 | 0 | | 100 |
| 点火延迟时间/ms | 60 | | 150 |
| 粉尘质量/g | 1.5 | 喷尘压力/kPa | 200 |
| 粉尘质量浓度/(g/m³) | 1250 | | 250 |
| 点火能量/mJ | 500 | | 300 |

### 4.4.2 结果与分析

图 4-12 显示了增材制造用铝合金粉末在不同喷尘压力下的火焰传播过程，并展现了不同喷尘压力下火焰演变过程细节的差异。不同喷尘压力下火焰传播表现出了一定的相似性，可分为三个阶段：第一阶段，点火电极产生的电火花迅速扩散并点燃了相邻区域的粉尘云，从点火到粉末燃烧的过渡阶段，火焰面积略有减少，爆炸火焰首先呈现出不规则球体的形状，并随着时间的推移而发展，火焰接触管壁并垂直向上、向下加速；第二阶段，火焰在管壁的束缚下，开始向上传播，产生巨大的压力，火焰前峰呈现不规则形态，直到明亮的白色过度曝光区域（剧烈燃烧反应区域）占据整个燃烧区域；在第三阶段，火焰前峰变得连续并进

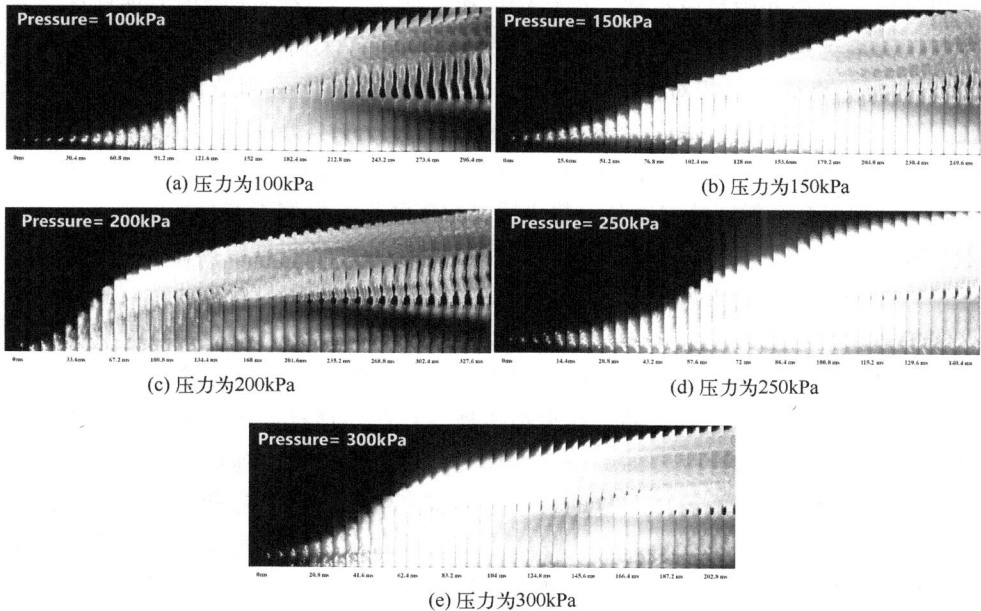

(a) 压力为100kPa

(b) 压力为150kPa

(c) 压力为200kPa

(d) 压力为250kPa

(e) 压力为300kPa

图 4-12　不同喷尘压力下火焰传播过程

一步向上扩展，点燃其前面的未燃烧的增材制造用铝合金粉末，由于爆炸产生具有一定强度的横波和纵波，火焰在传播过程中以旋转状态发展，具有非均相燃烧系统的特点；随着大火消耗室内氧气和粉末，火焰开始熄灭，火焰亮度逐渐减弱。当喷尘压力为100kPa时，火焰传播比较慢，且在后期较为迅速地变暗。随着喷尘压力的不断增大，火焰逐渐变亮，火焰速度不断变快。

图 4-13 给出了不同喷尘压力下火焰传播距离随时间变化趋势，从增材制造用铝合金粉末被点燃的瞬间开始计算，并将点火电极所在位置设为零点。可以发现，火焰前峰到达哈特曼管顶部的时间随着喷尘压力的不断增大而缩短，分别为111.6ms、79.6ms、59.2ms、52.4ms、46ms；在火焰冲出管外后，由于缺少了

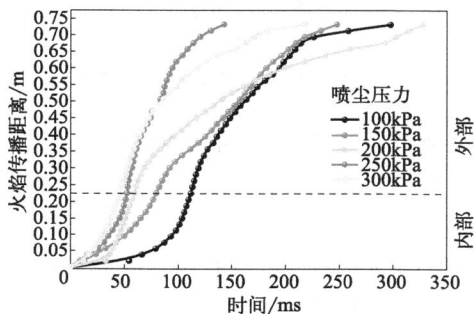

图 4-13　不同喷尘压力下火焰传播距离随时间变化趋势

管的束缚，火焰开始自由扩散，火焰传播速度变缓，且区别于管内发展规律。总体上，火焰到达最高点的时间依然随着喷尘压力的增大而减小，但当喷尘压力为200kPa时，火焰传播相对较慢，可能是由于此时具备增材制造用铝合金粉末最佳实验条件，增材制造用铝合金粉末燃烧更充分；喷尘压力为300kPa时，火焰到达最高点时所需时间比250kPa压力条件下要长，这是因为压力过大，导致部分增材制造用铝合金粉末喷出管外，粉尘质量浓度降低，燃烧不充分。

基于图4-13可换算得到图4-14所示的火焰速度随火焰传播距离变化趋势。可见，在不同的喷尘压力下，火焰锋面沿管道向上传播时具有波动性，总体上当火焰传播距离增大时，火焰速度也会随之增加，并在管口附近达到最大值。其中，在喷尘压力为250kPa时，火焰速度的波动最大。火焰速度波动现象可归因于气体和颗粒之间的速度波动。在火焰传播过程中，增材制造用铝合金粉末产生铝蒸气和镁蒸气，由于强烈的膨胀，气体的速度高于颗粒的速度，导致火焰前峰的颗粒密度降低，从而表面反应的速率进一步降低，气相反应和颗粒相反应的热量释放；热量减少导致气体减少，使得火焰前峰之前的颗粒密度增加导致反应加剧，使更多的热量释放并增强了气体和颗粒速度，但气体速度的增加超过了颗粒速度的增加；气体和颗粒速度的这种交替变化导致局部颗粒密度（即局部燃料当量比）的周期性变化，引起火焰速度振荡。但是受到湍流的影响，火焰的振荡具有随机性，规律不明显。

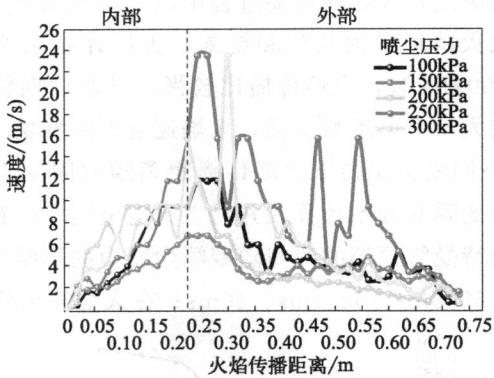

图4-14　不同喷尘压力下火焰速度随传播距离变化趋势

图4-15给出了管道内外以及整个火焰传播过程中火焰最大瞬时速度和火焰平均速度随喷尘压力变化趋势。火焰最大瞬时速度指的是每一帧图像中火焰前峰所在位置的瞬时火焰速度中的最大值，火焰平均速度指的是火焰前峰达到的最远距离与到达该点时所需时间的比值。可以看出，在管内的火焰最大瞬时速度和火焰平均速度均随喷尘压力的增大而增大，在管外及整个火焰传播过程中，火焰最大瞬时速度和火焰平均速度在喷尘压力为250kPa时均最大，喷尘压力为200kPa

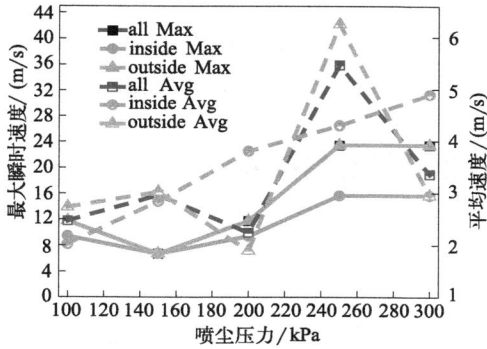

图 4-15　火焰速度随喷尘压力变化趋势

时最小。

图 4-16 显示了不同喷尘压力下火焰面积随火焰传播距离变化趋势，从整体上看，火焰面积随火焰传播距离的增大呈现出先增大后减小的趋势。在管内，火焰面积会随着喷尘压力的增大而增大；在管外，大致也遵循此规律，但是当喷尘压力为 200kPa 时，火焰面积会在火焰传播距离为 0.39m 时到达最大值 29.2mm²。火焰面积一定程度上反映了粉尘爆炸的剧烈程度。可以看出，在喷尘压力为 200kPa 下，增材制造用铝合金粉末反应相较于另外几种喷尘压力来说更加温和。

图 4-17 显示了不同喷尘压力下火焰灰度随火焰传播距离变化趋势，可以观察到，当喷尘压力发生改变时，火焰灰度会有所波动。其中，当火焰传播距离增加时，火焰灰度会逐渐增加，当火焰传播距离增加到一定值后，火焰灰度会逐渐减小且下降速度会随着喷尘压力的增大而增大。喷尘压力为 200kPa 时，火焰灰度下降较早，但下降速度较慢。在管内，火焰灰度会随着喷尘压力的增大而增大；

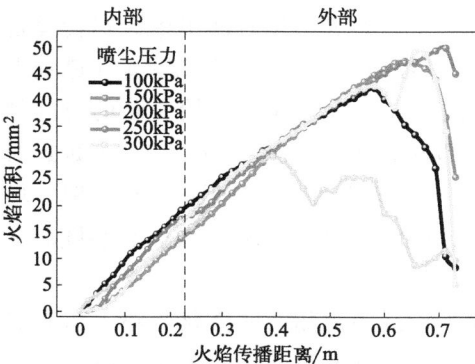

图 4-16　不同喷尘压力下火焰面积随火焰传播距离变化趋势

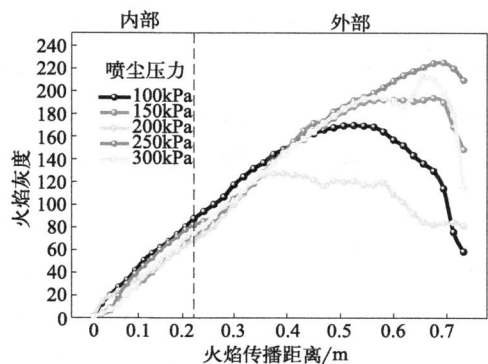

图 4-17　不同喷尘压力下火焰灰度随火焰传播距离变化趋势

在管外，规律略有不同，当喷尘压力为 200kPa 时，火焰灰度会在火焰传播距离为 0.375m 时到达最大值 126.8，当喷尘压力为 250kPa 时，火焰灰度最大。火焰灰度变化趋势在一定程度上反映了火焰亮度变化趋势。

## 4.5 延迟时间对火焰特性影响研究

### 4.5.1 实验方案

借助高速摄像机进行拍摄，观察增材制造用铝合金粉末在点火能量为 500mJ、喷尘压力为 200kPa、增材制造用铝合金粉末质量为 1.5g 的条件下，不同点火延迟时间对增材制造用铝合金粉末爆炸火焰的影响，具体实验方案如表 4-5 所示。为了提升研究的准确度和可信度，还对所有参数分别进行了三次反复测试。研究增材制造用铝合金粉末爆炸火焰形态、火焰传播距离、火焰面积以及火焰亮度等与点火延迟时间的关系。

**表 4-5　点火延迟时间实验方案**

| 固定条件 | | 变量 | |
| --- | --- | --- | --- |
| 膜层数 | 0 | | 20 |
| 喷尘压力/kPa | 200 | | 40 |
| 粉尘质量/g | 1.5 | 点火延迟时间/ms | 60 |
| 粉尘质量浓度/(g/m³) | 1250 | | 80 |
| 点火能量/mJ | 500 | | 100 |

### 4.5.2 结果与分析

图 4-18 显示了增材制造用铝合金粉末在不同点火延迟时间下的火焰传播过程，并展现了不同点火延迟时间在火焰演变过程细节的差异。随着火焰不断向上发展，火焰底部开始变暗，且点火延迟时间越小，火焰底部开始变暗的时间越早。在点火延迟时间为 100ms 时，火焰底部在 220ms 开始变暗；在点火延迟时间为 20ms 时，火焰底部在 120ms 就开始变暗。这说明点火延迟时间较小时，增材制造用铝合金粉末还未形成均匀的粉尘云就已被点燃，扬起的粉尘云会随着火焰向上发展，剩余粉末会随之落到哈特曼管底部，不发生燃烧。

图 4-19 给出了不同点火延迟时间下火焰传播距离随时间变化趋势。随着点火延迟时间不断增加，火焰前峰到达哈特曼管顶部的时间会先减小，在点火延迟时间为 60ms 时开始增加，分别为 55.6ms、53.2ms、59.2ms、73.6ms、83.6ms。这是因为随着点火延迟时间的增加，增材制造用铝合金粉末会逐渐

(a) 延迟时间为20ms

(b) 延迟时间为40ms

(c) 延迟时间为60ms

(d) 延迟时间为80ms

(e) 延迟时间为100ms

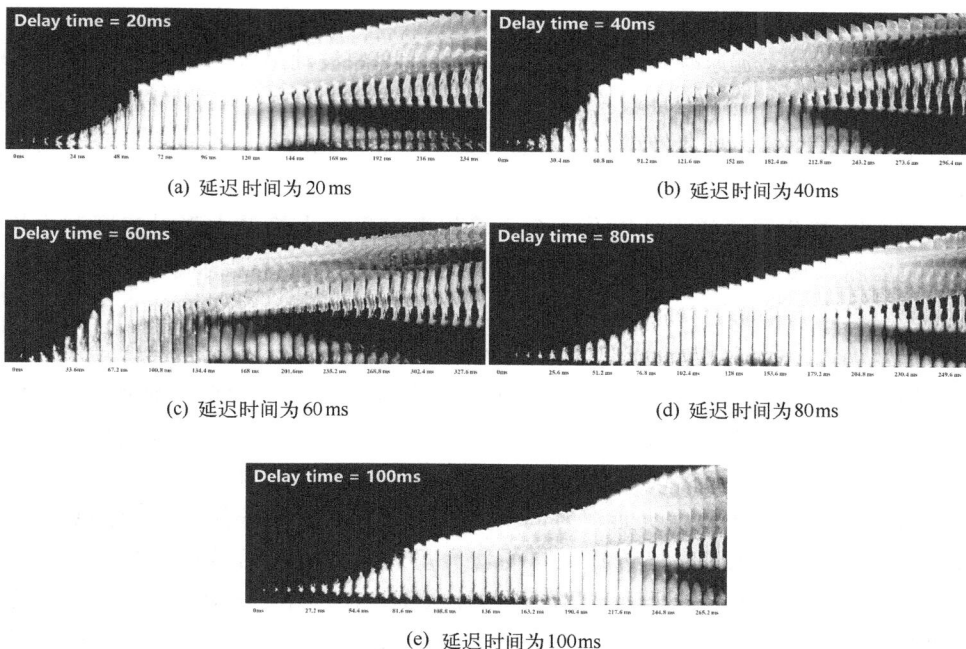

图 4-18 不同点火延迟时间下的火焰传播过程

形成较稳定的粉尘云，粉尘质量浓度增加，因此火焰速度会增加，到达哈特曼管顶部所需时间随之减少，但当点火延迟时间过大时，部分颗粒会受重力影响，导致粉尘质量浓度下降，达到哈特曼管顶部的时间会随之增加。在火焰冲出管外后，火焰前峰到达最高点的时间随延迟时间增加反而会先增加，在点火延迟时间为 60ms 时开始减少。

基于图 4-19 可换算得到图 4-20 所示的火焰速度随火焰传播距离变化趋势。可见，在不同的点火延迟时间下，火焰锋面沿管道向上传播时具有波动性，总体

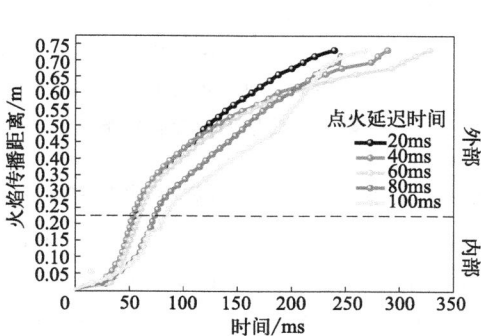

图 4-19 不同点火延迟时间下火焰
传播距离随时间变化趋势

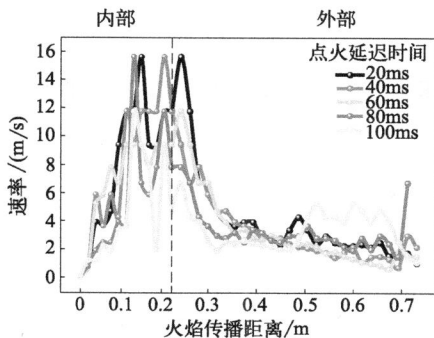

图 4-20 不同点火延迟时间下火焰
速率随传播距离变化趋势

上火焰速度随传播距离的增大呈现出先增后减的趋势，并在管口附近达到最大值。其中，在点火延迟时间为 20ms 时，火焰速度的波动最大，可能是由于喷粉时间过短，增材制造用铝合金粉末还未均匀分布在整个管中，在燃烧过程中，部分粉末被带起，使火焰速度增加，被扬起的粉末燃烧完后，火焰速度下降，使得火焰燃烧剧烈程度时强时弱。

图 4-21 给出了管道内外以及整个火焰传播过程中火焰最大瞬时速度和火焰平均速度随点火延迟时间变化趋势。可以看出，随着点火延迟时间的增加，火焰最大瞬时速度会不断减小，但在点火延迟时间为 60ms 时，管内及整个火焰传播过程中火焰最大瞬时速度最小，管外增材制造用铝合金粉末的火焰瞬时速度反而有所提升；在管内及整个火焰传播过程中，火焰平均速度随着点火延迟时间的增加呈现出先减小后增加的趋势，在点火延迟时间为 60ms 时火焰平均速度最小，在管外时，火焰平均速度则随着点火延迟时间的增加而不断减小。

图 4-22 显示了不同点火延迟时间下火焰面积随火焰传播距离变化趋势，从整体上看，火焰面积随火焰传播距离的增大呈现出先增大后减小的趋势。在管内，火焰面积会随着点火延迟时间的增加而减小；在管外，火焰面积随点火延迟时间的增加呈现出先减小后增加的趋势。当点火延迟时间为 80ms 时，火焰面积会在 245.6ms 时达到最小值 $0.8mm^2$；点火延迟时间为 60ms 时，火焰面积减小较早。

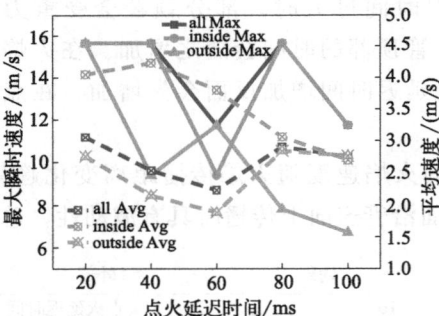

图 4-21　火焰速度随点火延迟时间变化趋势

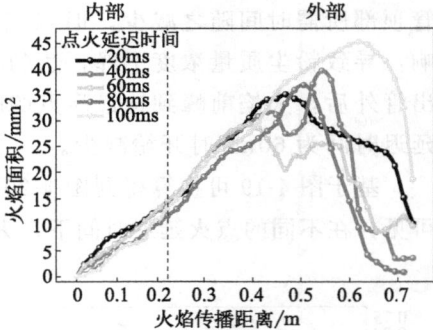

图 4-22　不同点火延迟时间下火焰面积随火焰传播距离变化趋势

图 4-23 显示了不同点火延迟时间下火焰灰度随火焰传播距离变化趋势，从整体上看，火焰灰度随火焰传播距离的增大呈现出先增大后减小的趋势。在管内，火焰灰度会随着点火延迟时间的增加而减小；在管外，规律略有不同，火焰灰度会随着点火延迟时间的增加呈现出先减小后增大的趋势，在点火延迟时间为 60ms 时火焰灰度下降最早，火焰灰度最小，但下降速率较慢。火焰灰度变化趋势在一定程度上反映了火焰亮度变化趋势。

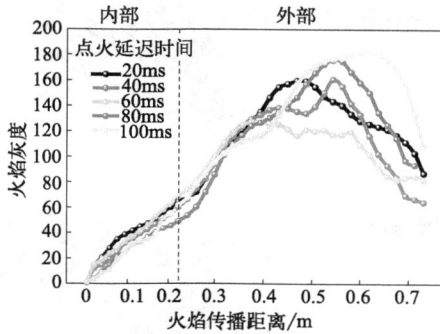

图 4-23　不同点火延迟时间下火焰灰度随火焰传播距离变化趋势

## 4.6　受限空间密闭状态对火焰特性影响研究

### 4.6.1　实验方案

　　借助高速摄像机进行拍摄，观察增材制造用铝合金粉末在点火能量为500mJ、喷尘压力为200kPa、点火延迟时间为60ms、增材制造用铝合金粉末质量为1.5g的条件下，增材制造用铝合金粉末火焰传播行为随受限空间密闭状态影响的情况，具体实验方案如表4-6所示。为了减少实验的偶然性，使实验结果更准确、可靠，对每个变量进行多次重复实验，并确保每次得到的实验结果都类似。研究增材制造用铝合金粉末爆炸火焰形貌特征、火焰传播距离、火焰面积以及火焰亮度与受限空间密闭状态的关系。实验时，在哈特曼管顶部覆盖膜将哈特曼管进行密闭，改变覆盖膜的层数代表改变开启的难易程度。膜的层数越多，代表需要的开启压力越大，越难开启。

表 4-6　受限空间密闭状态实验方案

| 固定条件 | | 变量 | |
|---|---|---|---|
| 喷尘压力/kPa | 200 | | 1 |
| 点火延迟时间/ms | 60 | | 2 |
| 粉尘质量/g | 1.5 | 密闭膜层数 | 3 |
| 粉尘质量浓度/(g/m³) | 1250 | | 4 |
| 点火能量/mJ | 500 | | 5 |

### 4.6.2　结果与分析

　　图4-24显示了增材制造用铝合金粉末在不同受限空间密闭状态下的火焰传播过程，并展现了不同受限空间密闭状态下火焰演变过程细节的差异。相较于未

(a) 膜层数为1

(b) 膜层数为2

(c) 膜层数为3

(d) 膜层数为4

(e) 膜层数为5

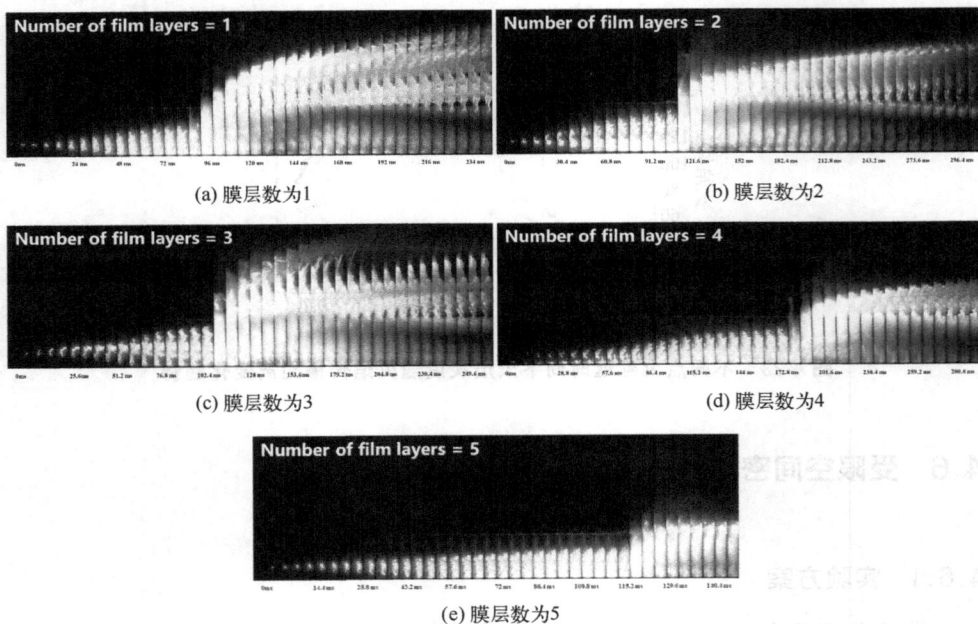

**图 4-24 不同受限空间密闭状态下火焰传播过程**

密闭的哈特曼管，在密闭状态时，管内火焰前期发展较为缓慢，当管内火焰突破膜的限制后火焰迅速向上发展，这是因为冲破膜后，压力会带着未完全燃烧的粉末从管内向上迅速扩散，并在哈特曼管外继续燃烧，随着压力快速向上发展，火焰传播距离也在迅速增加；突破膜所需时间随着膜的层数增加而增加，突破膜之后火焰达到的高度不断降低，这是由于在火焰传播过程中，由于膜的层数不断增加，冲破膜所需要的压力也随之增加，膜破裂后，装置内的压力也会随之降低，剩余未燃烧的粉末减少，火焰传播速度降低，燃烧时间变短，因此火焰传播距离变短。

图 4-25 给出了不同受限空间密闭状态下火焰传播距离随时间变化趋势。当

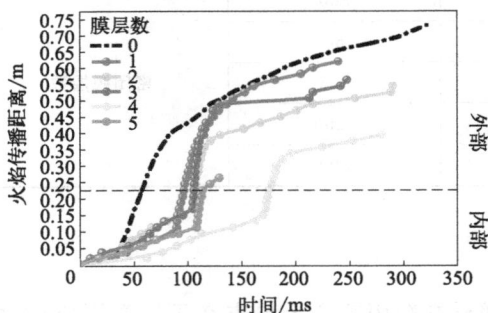

**图 4-25 不同受限空间密闭状态下火焰传播距离随时间变化趋势**

处于封闭的环境中时，随着膜层数的增加，火焰穿透膜的时间会逐渐延长，分别为 89.6ms、105.2ms、104.4ms、172.4ms、113.6ms。当火焰突破膜的限制后，随着膜层数的增加，火焰持续时间会逐渐减少；在火焰冲出管外后，随膜层数增加，火焰的上升速度也会相应提升，但是相应的上升空间却会受限。

基于图 4-25 可换算得到图 4-26 所示的火焰速度随火焰传播距离变化趋势。可以看出，在火焰发展前期，火焰速度非常小，基本在 3m/s 处徘徊；火焰速度开始迅速上升的时间随着膜层数的增加而增加，虽然在膜层数为 5 时，火焰速度最先上升，但是其能达到的最大速度仅约为另外四组最大速度的一半。在哈特曼管处于密闭状态时，火焰速度在到达哈特曼管顶部之前达到最大值。这是由于在粉尘云被点燃后，哈特曼管内的温度迅速上升，燃烧产生大量气体，使得管内压力增加，当压力达到膜的开启压力后会迅速突破膜冲出管外，爆炸火焰也会随之冲出，但是管内还存在大量未燃烧的增材制造用铝合金粉末，其也会随之被带出管外，由于管内外压差较大，火焰可以迅速向上传播，因此火焰速度会增大。但并非膜的层数越多火焰速度就越大，因为当哈特曼管覆盖膜的层数增加时，火焰冲破膜的限制需要的压力和时间也会随之增加，燃烧时间长会导致哈特曼管内的未燃粉尘云减少，不足以产生更高的火焰速度。综上所述，增材制造用铝合金粉末爆炸火焰速度与哈特曼管上覆盖膜的数量及未燃粉尘云量有关，当覆盖膜的层数较少时，突破膜所需压力会较小，代表管内外压差较小，未燃粉尘云喷出管外的量也会少，此时的火焰速度也会下降；当覆盖膜的层数过多时，粉尘云在管内燃烧时间过长，导致冲破膜后管外的粉尘云量也会减少，火焰速度也会下降；若增材制造用铝合金粉尘云在哈特曼管内燃烧完全后才突破膜的限制或还不足以突破膜的限制，则增材制造用铝合金粉末仅能在管内燃烧，在增材制造用铝合金粉末燃烧完后，火焰随之熄灭。

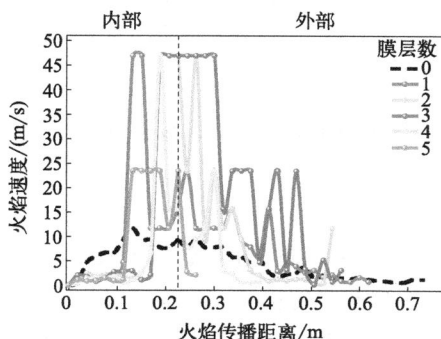

图 4-26　不同受限空间密闭状态下火焰速度随传播距离变化趋势

图 4-27 给出了管道内外以及整个火焰传播过程中火焰最大瞬时速度和火焰平均速度随膜层数变化趋势。可以看出，在管内及整个火焰传播过程中，除了覆

盖 5 层膜时火焰最大瞬时速度为 23.4m/s，其他情况下火焰最大瞬时速度均达到了 46.9m/s。在管外时，随着哈特曼管上覆盖膜的层数增加，火焰最大瞬时速度会先增加，当覆盖膜层数大于 3 后，火焰最大瞬时速度会不断减小；这是由于随着膜层数增加，火焰突破膜所需时间也在不断增加，导致管内未燃粉尘减少，因此火焰最大瞬时速度也会随之减小。火焰平均速度会随膜层数的增加而不断减小，然而在膜层数为 5 时火焰平均速度会略大于其他情况。从实验结果来看，随着膜层数的增加，火焰速度也会有一定的变化，这是由于在膜的数量较少时，管内还有大量未燃烧的粉尘云，在突破膜的限制后会迅速燃烧；而当膜的层数较多时，突破膜所需时间会增加，哈特曼管内未燃粉尘云较少，燃烧相对充分，导致火焰速度也会降低。

图 4-28 显示了不同受限空间密闭状态下火焰面积随火焰传播距离变化趋势。从整体上看，在密闭状态下，火焰面积随火焰传播距离的增大呈现出先增大后减小的趋势，且均小于哈特曼管处于半封闭状态时的火焰面积。在管内，火焰面积会随着膜层数的增加而呈现出先减小后增大的趋势；在管外，在膜层数为 3 时火焰面积最大，并在火焰传播距离为 0.49m 时达到最大值 36.5mm$^2$。在膜层数为 5 时，火焰面积最小。

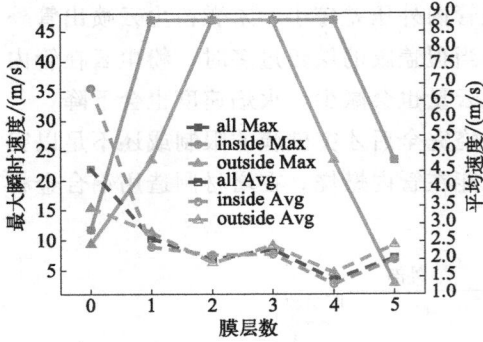

图 4-27　火焰速度随膜层数变化趋势

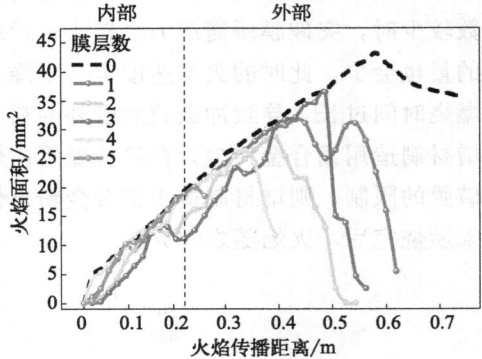

图 4-28　不同受限空间密闭状态下火焰
面积随火焰传播距离变化趋势

图 4-29 揭示了火焰灰度在不同封闭条件下随着火焰传播距离的增加而发生的变化。总的来说，随着火焰传播距离的增加，火焰灰度先上升，在达到最大值之后开始逐渐降低。在管内，火焰灰度会随着膜层数的增加而呈现出先减小后增大的趋势；在管外，在膜层数为 3 时火焰灰度最大，并在火焰传播距离为 0.49m 时达到最大值 150.8。火焰灰度变化趋势在一定程度上反映了火焰亮度的变化趋势。

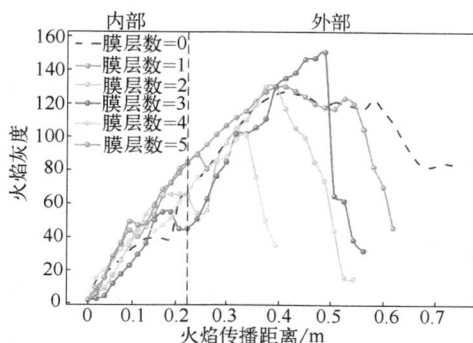

**图 4-29　不同受限空间密闭状态下火焰灰度随传播距离变化趋势**

## 4.7　粉尘浓度对火焰特性影响研究

### 4.7.1　实验方案

通过高速摄像机拍摄在点火能量为 500mJ、喷尘压力为 200kPa、点火延迟时间为 60ms 的条件下，不同粉尘质量浓度下，增材制造用铝合金粉末的火焰传播行为，每增加 0.5g 取一组增材制造用铝合金粉末，一共取五组，分别为 0.5g、1g、1.5g、2g、2.5g，通过换算可以得到增材制造用铝合金粉末质量浓度分别为 417g/m³、833g/m³、1250g/m³、1667g/m³、2083g/m³，具体实验方案如表 4-7 所示。为了减少实验的偶然性，使实验结果更准确可靠，对每个变量进行多次重复实验，并确保每次得到的实验结果都类似。研究增材制造用铝合金粉末爆炸火焰形貌特征、火焰传播距离、火焰面积以及火焰亮度等参数与增材制造用铝合金粉末质量浓度的关系。

**表 4-7　粉尘浓度实验方案**

| 固定条件 | | 变量 | |
| --- | --- | --- | --- |
| 膜层数 | 0 | 粉尘质量/g | 粉尘质量浓度/(g/m³) |
| 喷尘压力/kPa | 200 | 0.5 | 417 |
| | | 1 | 833 |
| 点火延迟时间/ms | 60 | 1.5 | 1250 |
| | | 2 | 1667 |
| 点火能量/mJ | 500 | 2.5 | 2083 |

## 4.7.2 结果与分析

图 4-30 显示了增材制造用铝合金粉末在不同粉尘质量浓度下火焰传播过程，并展现了不同粉尘质量浓度下火焰演变过程细节的差异。总体上，随着粉尘质量浓度的增加，火焰前峰到达哈特曼管顶部及最高点的时间会逐渐减少，在减少到一点值后开始增加，火焰亮度则会不断增加；但当粉尘浓度为 2083g/m³ 时，增材制造用铝合金粉末爆炸火焰底部会较暗，这是由于增材制造用铝合金粉末质量浓度较低时，粉末燃烧不充分，被点燃的粉尘云较少，因此燃烧释放的热量少，火焰亮度较暗，同时火焰传播距离也会相对较短；随着粉尘云浓度的增加，参与反应的粉尘颗粒会变多，因此火焰亮度会慢慢增加，火焰传播距离也会增加；但是当粉尘质量浓度超过当量比之后，单位体积内的氧气含量会减少，参与反应的增材制造用铝合金粉末反而会减少，这样就导致火焰亮度变暗，火焰传播距离变短。

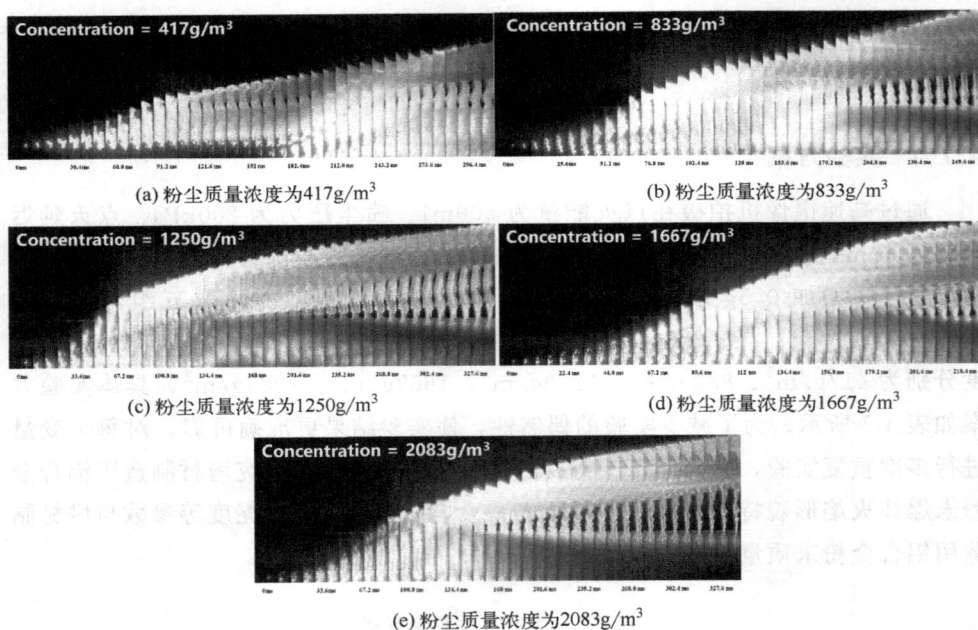

(a) 粉尘质量浓度为417g/m³

(b) 粉尘质量浓度为833g/m³

(c) 粉尘质量浓度为1250g/m³

(d) 粉尘质量浓度为1667g/m³

(e) 粉尘质量浓度为2083g/m³

**图 4-30　不同粉尘质量浓度下火焰传播过程**

图 4-31 给出了不同粉尘质量浓度下火焰传播距离随时间变化趋势。在管内，火焰前峰到达哈特曼管顶部的时间随着粉尘质量浓度的增加呈现出先减小后增大的趋势，分别为 77.6ms、66.4ms、59.2ms、79.2ms、78ms；在管外，粉尘质量浓度为 417g/m³ 时火焰传播距离最短，这是由于粉尘质量浓度太小，火焰未达到最高点时已燃烧完。

基于图 4-31 可换算得到图 4-32 所示的火焰速度随火焰传播距离变化趋势。

可以看出，在粉尘质量浓度为 $2083g/m^3$ 时，火焰速度最大为 $24.3m/s$，在火焰传播距离为 $0.4m$ 时，火焰传播速率趋于稳定。

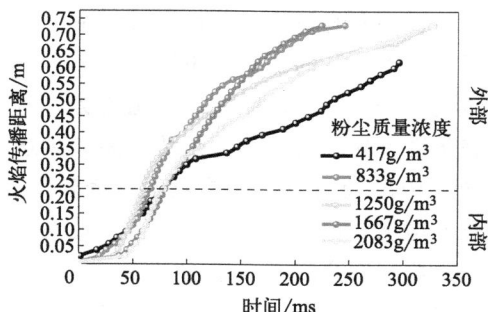

图 4-31　不同粉尘质量浓度下火焰传播
距离随时间变化趋势

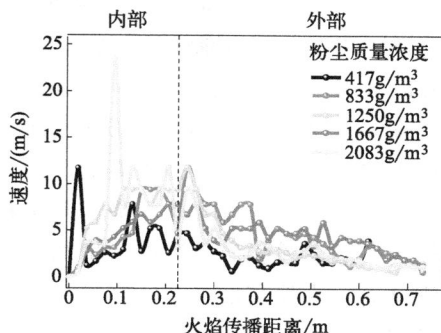

图 4-32　不同粉尘质量浓度下火焰速度
随火焰传播距离变化趋势

图 4-33 给出了管道内外以及整个火焰传播过程中火焰最大瞬时速度和火焰平均速度随粉尘质量浓度的变化趋势。研究表明，当粉尘质量浓度增加时，火焰的最大瞬间速度也将相应地变化，随着粉尘质量浓度的增加，增材制造用铝合金粉末的火焰最大瞬时速度会先减小，在粉尘质量浓度达到一定数值后，增材制造用铝合金粉末火焰最大瞬时速度会迅速增加；火焰平均速度随粉尘质量浓度的增加而呈现出先增加后减小的趋势。这是因为在粉尘质量浓度较低时，粉尘与电火花接触的概率较小，参与反应的粉尘数量也较少，因此火焰速度相对较低，随着粉尘质量浓度的增加，参与反应的粉尘数量渐渐增多，增材制造用铝合金粉末可以更充分地燃烧，因此火焰最大瞬时速度也会增加。当粉尘质量浓度过高时，由于单位体积内的氧气含量会降低，火焰最高点会降低，但是此时的火焰产生的压力会比较大，因此会产生较大的火焰最大瞬时速度。

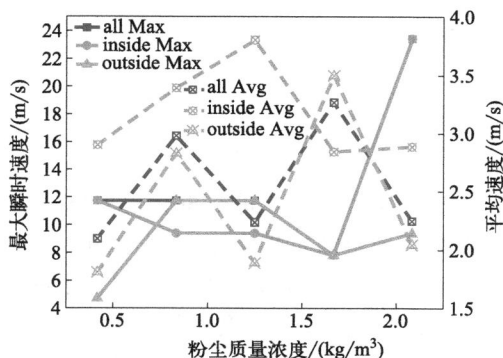

图 4-33　火焰速度随粉尘质量浓度变化趋势

图 4-34 显示了不同粉尘质量浓度下火焰面积随火焰传播距离变化趋势，从整体上看，火焰面积随火焰传播距离的增大呈现出先增大后减小的趋势。在管内，火焰面积会随着粉尘质量浓度的增加而呈现出先增大后减小的趋势；在管外，粉尘质量浓度对火焰面积的影响呈现出先增大后减小的趋势，在粉尘质量浓度为 $2083g/m^3$ 时，火焰面积最小，在火焰传播距离为 0.73m 时达到最小值 $0.87mm^2$。

图 4-35 显示了不同粉尘质量浓度下火焰灰度随火焰传播距离变化趋势。从整体上看，随着火焰传播距离的增加，火焰灰度首先增加，当火焰传播距离到达一定值后，火焰灰度开始下降，其中粉尘质量浓度较高时，火焰灰度下降较早；在管内，随着粉尘质量浓度的增加，火焰灰度增加，但是当粉尘质量浓度达到一定程度时，火焰灰度又开始降低；在管外，火焰灰度会随着粉尘质量浓度的增加而呈现出先增大后减小的趋势，在粉尘质量浓度为 $2.083kg/m^3$ 时，火焰灰度较小，在火焰传播距离为 0.73m 时达到最小值 58.8。火焰灰度变化趋势在一定程度上反映了火焰亮度变化趋势。

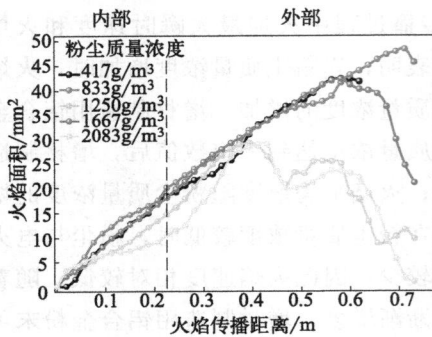

图 4-34 不同粉尘质量浓度下火焰面积
随火焰传播距离变化趋势

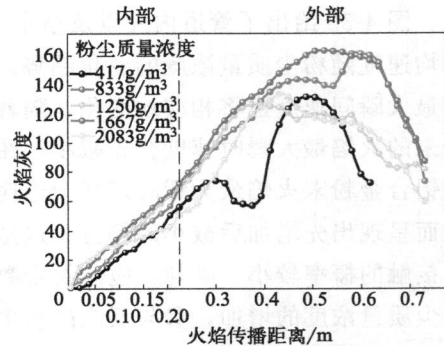

图 4-35 不同粉尘质量浓度下火焰灰度
随火焰传播距离变化趋势

## 4.8 点火能量对火焰特性影响研究

### 4.8.1 实验方案

在喷尘压力为 200kPa、点火延迟时间为 60ms、增材制造用铝合金粉末的质量为 1.5g 的条件下，借助高速摄像机拍摄增材制造用铝合金粉火焰传播行为随点火能量的变化情况。具体实验方案如表 4-8 所示。为了减少实验的偶然性，使实验结果更准确可靠，对每个变量进行多次重复实验，并确保每次得到的实验结果都类似。研究增材制造用铝合金粉末爆炸火焰形貌特征、火焰传播距离、火焰面积以及火焰亮度等参数与点火能量的关系。

表 4-8　点火能量实验方案

| 固定条件 | | 变量 | |
| --- | --- | --- | --- |
| 膜层数 | 0 | 点火能量/mJ | 10 |
| 喷尘压力/kPa | 200 | | 100 |
| 点火延迟时间/ms | 60 | | 1000 |
| 粉尘质量/g | 1.5 | | 2000 |
| 粉尘质量浓度/(g/m³) | 1250 | | 3000 |

## 4.8.2　结果与分析

图 4-36 显示了增材制造用铝合金粉末在不同点火能量下的火焰传播过程，并展现了不同点火能量下火焰演变过程细节的差异。通过观察可以发现，当点火能量增加时，火焰到达最高点的时间也会增加。此外，电火花的亮度和点火持续时间也会相应增长。在点火能量为 10mJ 时，火焰整体较暗，且火焰速度较小。

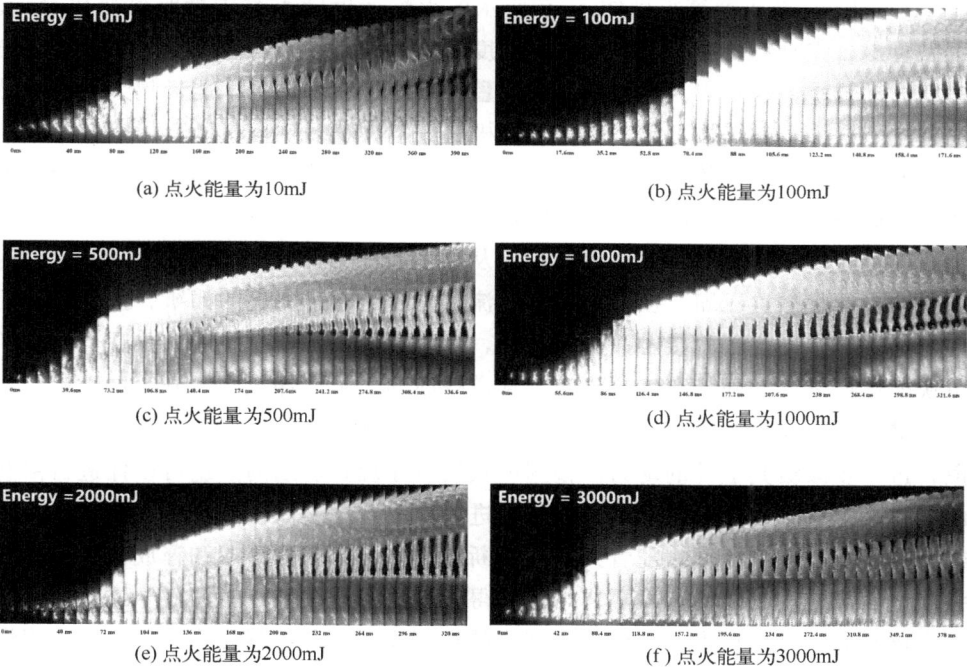

(a) 点火能量为10mJ

(b) 点火能量为100mJ

(c) 点火能量为500mJ

(d) 点火能量为1000mJ

(e) 点火能量为2000mJ

(f) 点火能量为3000mJ

图 4-36　不同点火能量下火焰发展过程

图 4-37 给出了不同点火能量下火焰传播距离随时间变化趋势。在管内，火焰前峰到达哈特曼管顶部的时间随着点火能量的增加呈现出先减小后增大的趋势，分别为 89.6ms、62.8ms、67.2ms、78.8ms、67.6ms；在管外，火焰前峰

到达最高点的时间随着点火能量的增加而不断增加，这是由于点火能量越大，电火花持续时间越长，使得被点燃的增材制造用铝合金粉末变多，粉尘云燃烧更充分，粉尘可以燃烧更长时间，而当点火能量为 10mJ 时点火能量仅能维持火焰燃烧，因此增材制造用铝合金粉末燃烧所需时间最长，燃烧速度慢。

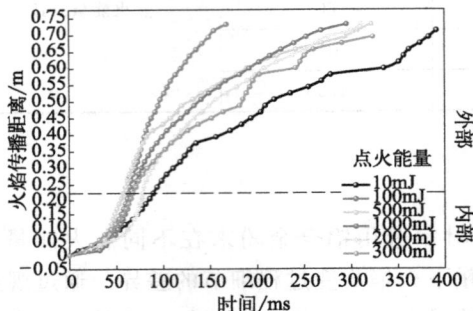

图 4-37　不同点火能量下火焰传播距离随时间变化趋势

　　基于图 4-37 可换算得到图 4-38 所示的火焰速度随火焰传播距离变化趋势。可以看出，在哈特曼管顶部附近火焰速度达到最大，在点火能量为 10mJ 时火焰速度波动较小，这是因为较小的点火能量只能维持粉末燃烧，能量越大，粉末燃烧越剧烈。根据热爆炸理论，当点火电极释放电火花后，增材制造用铝合金粉末会迅速燃烧，其产生的能量远超出点燃本身的消耗，使得整个爆炸的进展变得更快。然而，由于管道壁面的散热作用，使得火焰的蔓延变得缓慢。当燃料达到某个临界点时，它的热量将被释放出来，从而引发了燃爆。由于这种热源的存在，前兆冲击波将被迫压缩，从而引发了湍流，并且引起了火焰的褶皱、拉伸，从而使得火焰与未燃燃料的接触面变得更大，从而促成了燃爆的发展，并且也带来了更快的火焰速度。随着火焰的上升，管道壁面的能量消耗急剧上升，这就使得保证火焰上升的动力受到限制，同时，管道末端的压缩反弹波也会影响火焰的扩散，进一步减缓其上升的动力。根据链式反应原理，初期的热量可以促进自由基的形成，这些自由基的累积可以使热量进一步上升，进而使热量分解，最终形成热气体，并引发热爆炸。随着火焰的不断增强，自由基的形成和释放都变得更为强烈，而且它们的传播速度更快，这使得它们更容易被破坏，从而导致自由基的损失比它们的产生更多，从而使得燃烧的进程变慢，最终导致火焰的衰退。当燃烧速率减慢时，自由基的消耗也会迅速减缓，但是自由基的产生速率却没有减缓。当自由基的产生速率超过消耗速率时，它们会重新聚集，从而使得燃烧速率加快，火焰速度也会进一步加快。随着点火能量的增加，自由基的数量也会相应增加，从而使燃烧和燃爆的起点变得更高，从而使火焰速度得到提升，但是，由于消耗和压力反射波的作用，火焰速度又会出现下降的趋势。

图 4-39 给出了管道内外以及整个火焰传播过程中火焰最大瞬时速度和火焰平均速度随点火能量变化趋势。可以看出，火焰最大瞬时速度会随着点火能量的增加呈现出先减小后增大的趋势；而在点火能量为 10mJ 和 3000mJ 时，火焰最大瞬时速度较小；火焰平均速度随点火能量的增加而呈现出先增大后减小的趋势，在点火能量为 100mJ 时火焰平均速度最大。由于高点火能量的存在，部分支链反应受到了阻碍，从而使得火焰速度大幅下降。

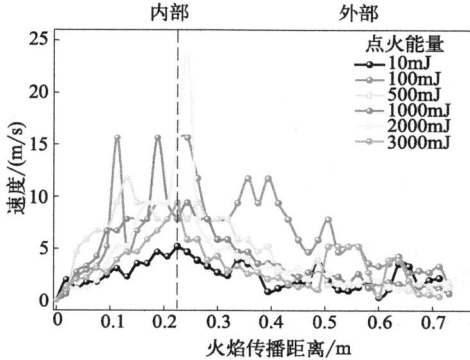

图 4-38 不同点火能量下火焰速度随传播距离变化趋势

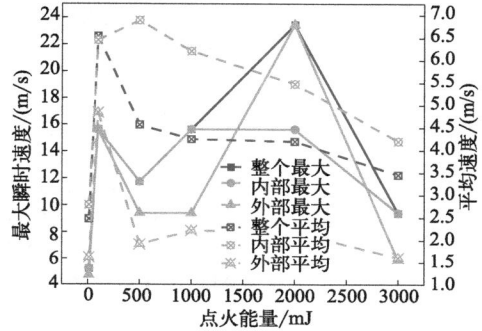

图 4-39 火焰速度随点火能量变化趋势

图 4-40 显示了不同点火能量下火焰面积随火焰传播距离变化趋势。从整体上看，火焰面积随火焰传播距离的增大呈现出先增大后减小的趋势。在管内，火焰面积会随着点火能量的增加而呈现出先增大后减小的趋势；在管外，火焰面积同样会随着点火能量的增加而呈现出先增大后减小的趋势，但在点火能量为 100mJ 时火焰面积最大，并在火焰传播距离为 0.62m 时达到最大值 42.9mm$^2$，在点火能量为 3000mJ 时火焰面积最小，并在火焰传播距离为 0.73m 时达到最小值 3.7mm$^2$。在点火能量为 100mJ 时，火焰面积变小的时间较晚。

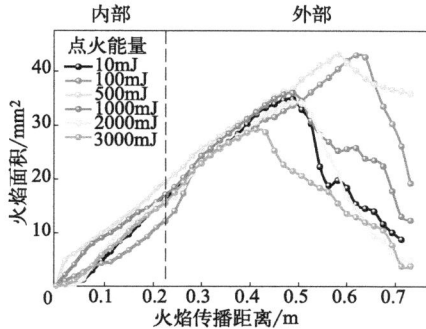

图 4-40 不同点火能量下火焰面积随传播距离变化趋势

图 4-41 显示了不同点火能量下火焰灰度随火焰传播距离变化趋势。从整体上看，火焰灰度随火焰传播距离的增加呈现出先增加后减小的趋势，火焰灰度随着点火能量的增加呈现出先增大后减小的趋势；但在点火能量为 100mJ 时火焰灰度最大，并在火焰传播距离为 0.62m 时达到最大值 192.5，在点火能量为 3000mJ 时火焰面积最小，并在火焰传播距离为 0.73m 时达到管外最小值 39.2。

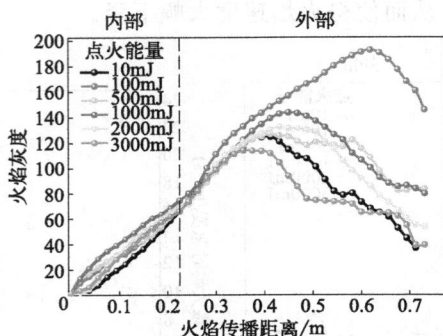

图 4-41 不同点火能量下火焰灰度随传播距离变化趋势

# 第5章

## 典型惰性粉体对增材制造
## 金属粉尘爆炸抑制研究

对惰性粉体对增材制造用金属粉尘火焰及爆炸的抑制作用进行研究。通过实验，分别考察 $CaCO_3$、$NH_4H_2PO_4$ 和 $NaCl$ 三种典型惰性粉体的浓度和粒径对金属粉尘火焰传播和爆炸特性的影响，进一步建立抑制效果的预测模型，并对三种惰性粉体的抑制性能进行对比分析，为增材制造中金属粉尘的安全控制提供有效的材料选择和理论依据。

### 5.1　惰性粉体

碳酸钙（$CaCO_3$）是一种常见的化合物，通常呈白色粉末状，晶体密度约为 $2.7g/cm^3$。$CaCO_3$ 在高温条件下能够发生分解反应，产生 $CaO$ 和 $CO_2$。借助扫描电子显微镜（SEM）观察了实验用 $CaCO_3$ 粉体的微观形态和颗粒分散状态，如图 5-1 所示，分别展示了 $CaCO_3$ 颗粒在 $10\mu m$ 和 $50\mu m$ 尺度下的颗粒分布状态。$CaCO_3$ 呈现碎片状，颗粒之间分散性良好，没有出现黏结现象，表明实验所用 $CaCO_3$ 干燥性能良好、水含量低，对抑爆性能影响较小。

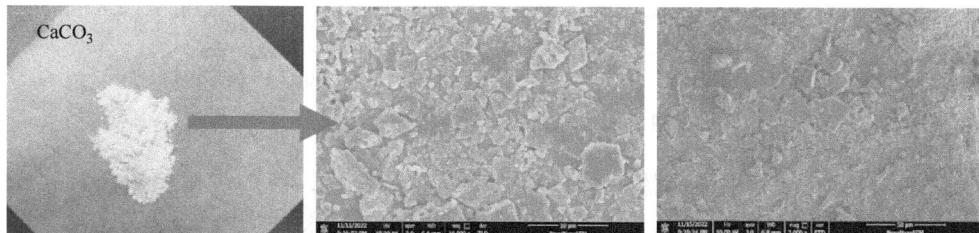

**图 5-1　$CaCO_3$ 粉体及扫描电镜图**

借助振动筛对 $CaCO_3$ 粉体进行筛分，获得了四种不同粒径分布的实验样品，接着借助激光粒度分布仪分别测试了四种 $CaCO_3$ 样品的粒径分布，见表 5-1。

$CaCO_3$ 的中位径（$D_{50}$）分别为 $10.12\mu m$、$17.9\mu m$、$40.61\mu m$、$65.52\mu m$，对应的比表面积（$\partial$）分别是 $499.3 m^2/kg$、$314.9 m^2/kg$、$156.4 m^2/kg$、$80.46 m^2/kg$。图 5-2 显示了 $CaCO_3$ 样品的粒径分布曲线，由图可知每种规格的 $CaCO_3$ 的粒径分布均匀，颗粒大小基本接近，表明每种规格的实验用样品粒径统一，有利于减小系统误差。

表 5-1　$CaCO_3$ 样品粒径分布

| 中位径($D_{50}$)/μm | 10.12 | 17.9 | 40.61 | 65.52 |
|---|---|---|---|---|
| 比表面积($\partial$)/(m²/kg) | 499.3 | 314.9 | 156.4 | 80.46 |

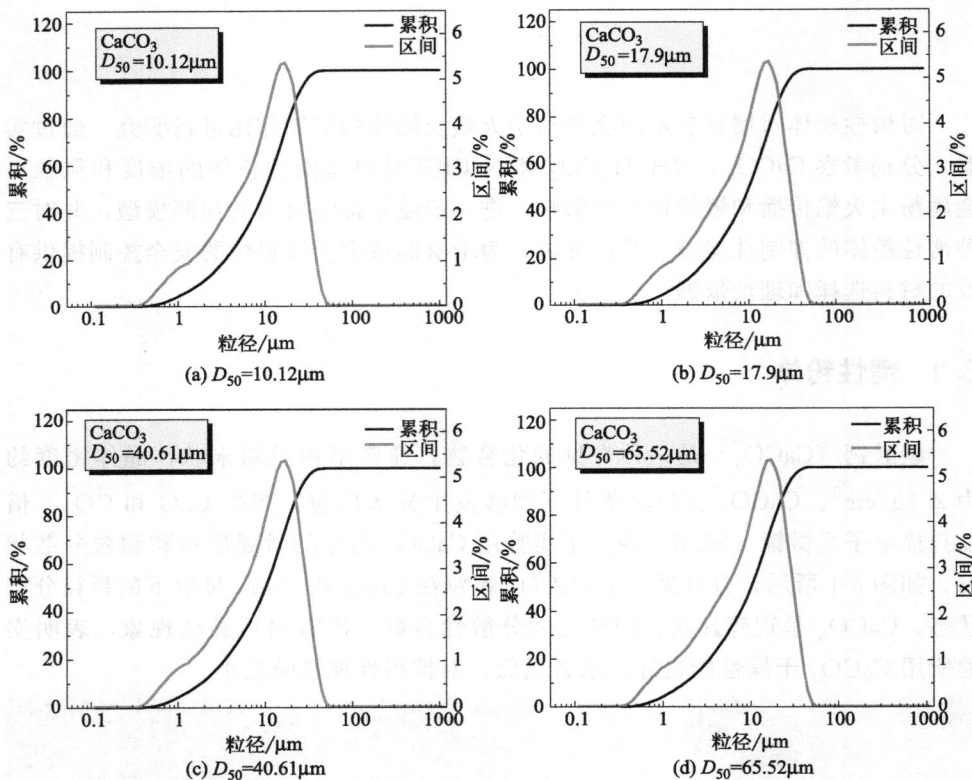

图 5-2　$CaCO_3$ 样品粒径分布曲线

$NH_4H_2PO_4$ 为白色晶体粉末，是一种无机化合物，被广泛用作阻燃剂，熔点为 $190℃$，密度约为 $1.8 g/m^3$，在高温下会分解产生 $NH_3$、水分子和磷酸。本实验用 $NH_4H_2PO_4$ 如图 5-3 所示，借助扫描电子显微镜获取了其微观形貌。$NH_4H_2PO_4$ 颗粒分布均匀，颗粒之间分散性良好，无黏结现象，表明 $NH_4H_2PO_4$ 的干燥性良好、结晶水含量低。

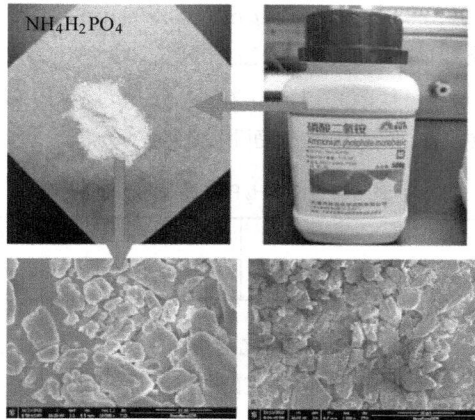

**图 5-3　NH₄H₂PO₄ 粉体及扫描电镜图**

$NH_4H_2PO_4$

对 $NH_4H_2PO_4$ 样品筛分成四种不同粒径的样品，并借助激光粒度分布仪（BT-9300LD）测试了实验样品的粒径分布，如图 5-4 所示。$NH_4H_2PO_4$ 中粒径

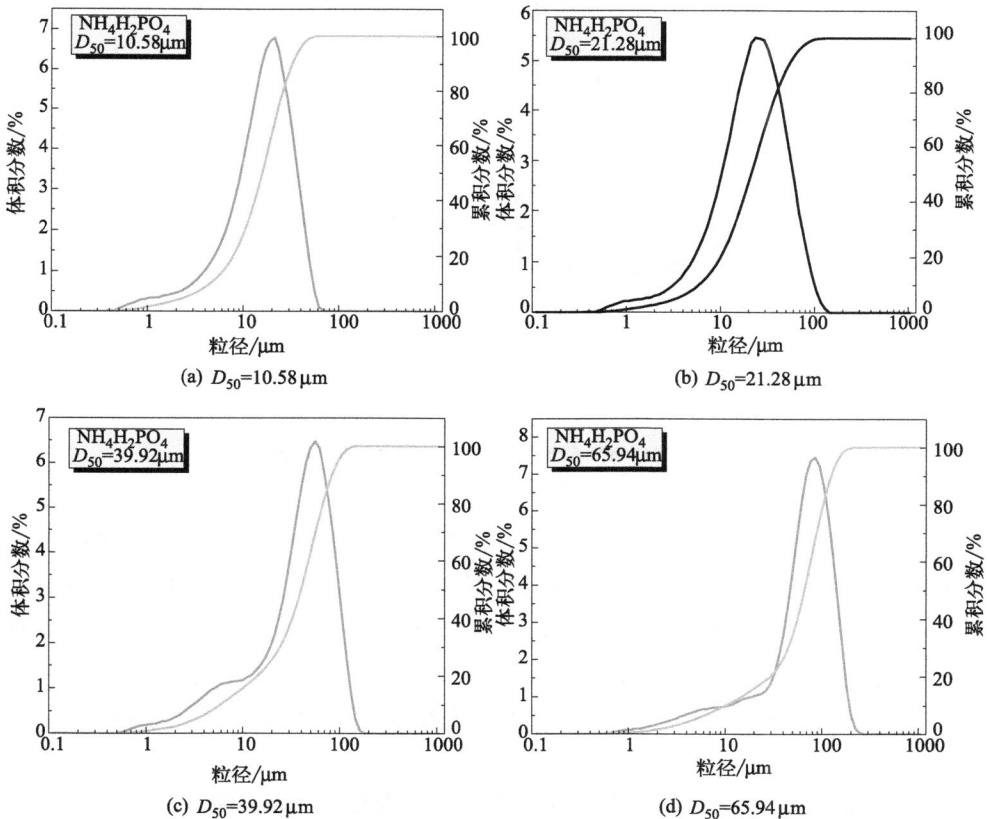

(a) $D_{50}$=10.58μm

(b) $D_{50}$=21.28μm

(c) $D_{50}$=39.92μm

(d) $D_{50}$=65.94μm

**图 5-4　NH₄H₂PO₄ 粉体粒径分布曲线**

分别为 $10.58\mu m$、$21.28\mu m$、$39.92\mu m$、$65.94\mu m$，其比表面积分别是 $383.5m^2/kg$、$253.5m^2/kg$、$164.4m^2/kg$、$106.3m^2/kg$，如表 5-2 所示。结果显示，不同规格的 $NH_4H_2PO_4$ 样品粒径分布均匀、颗粒大小接近，且 $NH_4H_2PO_4$ 颗粒的粒径越小，其比表面积越大。

表 5-2　$NH_4H_2PO_4$ 粒径分布

| 中位径($D_{50}$)/$\mu m$ | 10.58 | 21.28 | 39.92 | 65.94 |
|---|---|---|---|---|
| 比表面积($\partial$)/($m^2$/kg) | 383.5 | 253.5 | 164.4 | 106.3 |

氯化钠（NaCl）是一种常见的盐类化合物，通常作为 D 类金属灭火器的粉体材料，用于扑灭金属火灾。实验所用 NaCl 的纯度为 $99.8\%$ 左右，呈白色结晶状固体颗粒，熔点为 801℃ 左右。NaCl 的晶体结构为立方晶系，其中 $Na^+$ 和 $Cl^-$ 以离子键相互连接，具有较强的相互作用力。借助扫描电子显微镜观察了实验用氯化钠颗粒在常温常压下的颗粒特征及分散状态，如图 5-5 所示。图中分别展示了 NaCl 颗粒在 $10\mu m$ 和 $50\mu m$ 尺度下的微观形貌，呈现白色棒条状，颗粒之间分散性良好，无团聚和黏结现象，表明实验所用 NaCl 干燥性能良好，结晶水含量低。

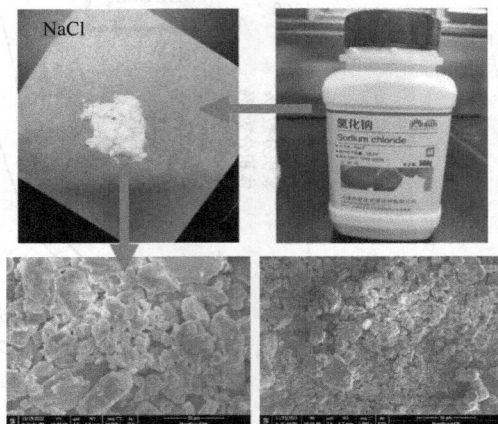

图 5-5　NaCl 粉体及扫描电镜图

首先，借助振动筛对 NaCl 进行筛分，获得四种不同规格的样品，然后借助激光粒度分布仪分别测试了四种 NaCl 样品的粒径分布，如表 5-3 所示，中位径（$D_{50}$）分别为 $10.66\mu m$、$19.73\mu m$、$40.22\mu m$、$65.13\mu m$，对应的比表面积（$\partial$）分别是 $394.1m^2/kg$、$253.5m^2/kg$、$150.6m^2/kg$、$111.5m^2/kg$。由此可知，比表面积大小与中位径成反向变化，随着 NaCl 粒径增大，比表面积降低。由比表面积定义可知，比表面积越大，其吸附能力和颗粒分散性越强。图 5-6 显示了 NaCl 粉体的粒径分布曲线，由图可知每种规格的 NaCl 样品的粒径分布均匀，颗粒大小基本接近，有利于减小后续实验的误差。

表 5-3　NaCl 粒径分布

| 中位径（$D_{50}$）/μm | 10.66 | 19.73 | 40.22 | 65.13 |
|---|---|---|---|---|
| 比表面积（∂）/(m²/kg) | 394.1 | 253.5 | 150.6 | 111.5 |

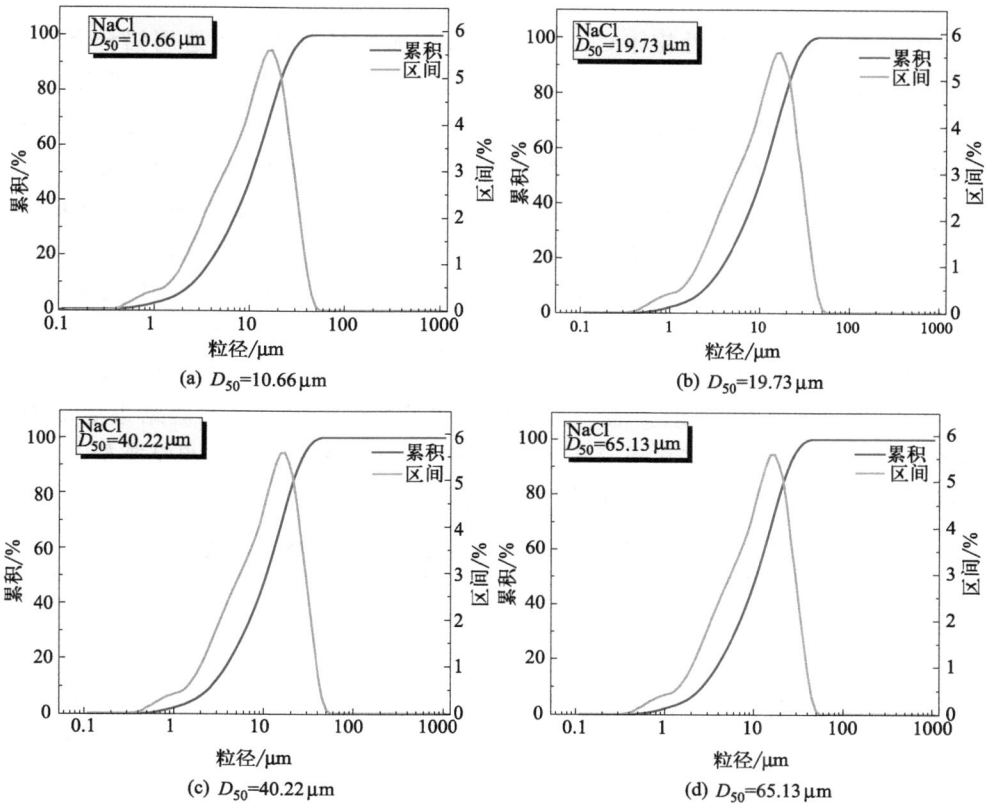

(a) $D_{50}$=10.66μm

(b) $D_{50}$=19.73μm

(c) $D_{50}$=40.22μm

(d) $D_{50}$=65.13μm

图 5-6　NaCl 粉体粒径分布曲线

为了减小实验误差，以上所有实验样品均在 50℃烘箱中干燥 24h，以确保实验的准确性和一致性。

## 5.2　CaCO₃ 粉体对典型增材制造用金属粉尘爆炸火焰特性的影响

选取典型的惰性粉体 CaCO₃ 粉体作为研究对象，研究其对增材制造用铝合金粉末爆炸火焰以及粉尘云最小点火能量的影响。研究表明，CaCO₃ 粉体作为惰性粉体，主要起到物理惰化作用，在增材制造用铝合金粉末中加入 CaCO₃ 粉体后，CaCO₃ 粉体会减少增材制造用铝合金粉末与空气接触的面积，从而降低增材制造用铝合金粉末的反应速率；CaCO₃ 会吸收反应产生的热量，使火焰预热区变宽，预热时间变长；同时 $CaCO_3$ 吸热后会分解产生惰性气体二氧化碳，二氧化碳同样可以减少增材制造用铝合金粉末与空气的接触面积，且二氧化碳可以稀释反应体系中的氧气，从而降低反应速率，进一步加强 $CaCO_3$ 粉体对增材制造用铝合金粉末的惰化效果。

实验时为了研究惰性粉体 $CaCO_3$ 的浓度以及粒径对增材制造用铝合金粉末爆炸火焰的惰化效果，需要尽量减少其他因素的干扰，因此设定喷尘压力为 200kPa、点火延迟时间为 60ms、增材制造用铝合金粉末的质量为 1.5g、点火能量为 500mJ。主要研究增材制造用铝合金粉末爆炸火焰传播距离、火焰速度、火焰形貌特征、火焰面积以及火焰亮度与惰性粉体 $CaCO_3$ 的浓度和粒径的关系，并进行定量分析，具体实验条件如表 5-4 所示。分别向 1.5g 铝合金粉末中加入 0.3g、0.6g、0.9g、1.2g、1.5g 的 $CaCO_3$ 粉体，此时 $CaCO_3$ 的惰化比分别为 16.7%、28.6%、37.5%、44.4%、50%。惰化比是指惰性粉体 $CaCO_3$ 占粉尘总质量的比值。选取五种不同粒径的 $CaCO_3$ 粉体，与 $CaCO_3$ 粉体浓度进行交叉实验，一共需要进行 25 组实验。为了减少实验的偶然性，使实验结果更准确、可靠，对每个变量进行多次重复实验，并确保每次得到的实验结果都类似，对个别结果相差较大的实验需再次实验，尽可能减小误差。

表 5-4 惰化剂对增材制造用铝合金粉末爆炸火焰特性的影响

| 变量(粒径/μm) | 变量(惰化比/%) | | | | | |
|---|---|---|---|---|---|---|
| 1 | 0 | 16.7 | 28.6 | 37.5 | 44.4 | 50 |
| 6 | 0 | 16.7 | 28.6 | 37.5 | 44.4 | 50 |
| 10 | 0 | 16.7 | 28.6 | 37.5 | 44.4 | 50 |
| 15 | 0 | 16.7 | 28.6 | 37.5 | 44.4 | 50 |
| 45 | 0 | 16.7 | 28.6 | 37.5 | 44.4 | 50 |

## 5.2.1 $CaCO_3$ 粉体浓度对爆炸火焰特性的影响

以粒径为 $6\mu m$ 的 $CaCO_3$ 粉体为例，分析不同浓度的 $CaCO_3$ 粉体对增材制造用铝合金粉末爆炸的火焰速度、火焰面积和火焰亮度等传播特性的影响。图 5-7 显示了增材制造用铝合金粉末在不同浓度的 $CaCO_3$ 粉体作用下的火焰传播过程并展现了不同浓度的 $CaCO_3$ 粉体作用下的火焰演变过程细节的差异。总体上，火焰到达最高点的时间会随着 $CaCO_3$ 粉体浓度的增加而增加，分别为 247.6ms、312.8ms、331.6ms、397.6ms、399.6ms。如图 5-7 (a) 所示，当 $CaCO_3$ 粉体占比为 16.7% 时，管道中的火焰亮度略微变暗，火焰轮廓清晰，从 $t=190ms$ 开始，管道内的火焰出现明显的离散化和断裂，与不使用灭爆剂的煤尘火焰传播相比，火焰前峰在 265.2ms 时到达最高点；如图 5-7 (b) 所示，加入 28.6％的 $CaCO_3$ 粉体，火焰颜色变深；当添加量为 37.5％时，火焰在传播后期变得不连续，火焰明显变暗，火焰传播距离明显缩短。从图中还可以看出，随着 $CaCO_3$ 粉体用量的增加，火焰传播距离变短，火焰亮度变暗，表明惰化剂用量的增加显著增强了增材制造用铝合金粉末爆燃的惰化效果。

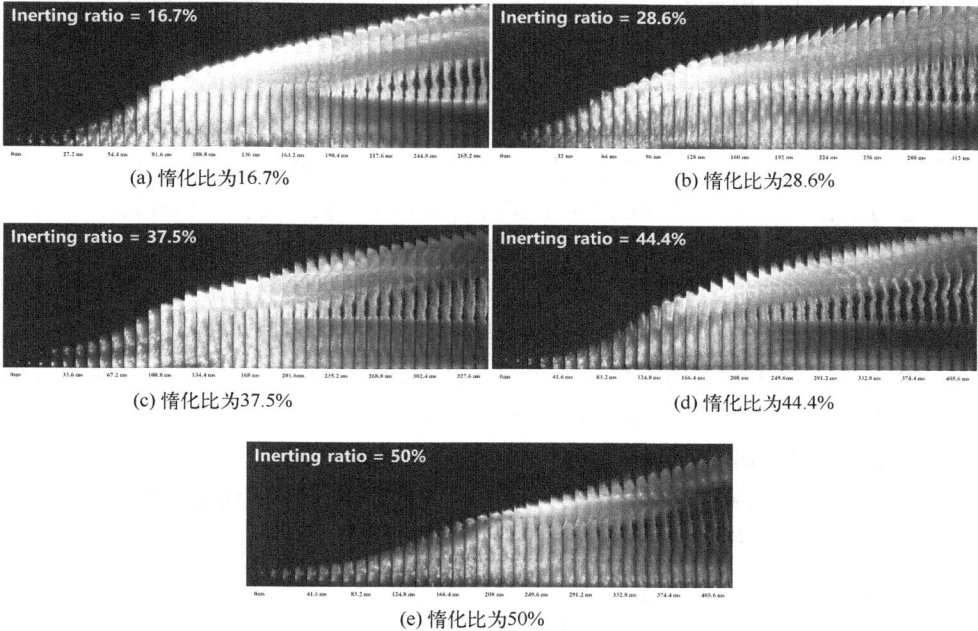

(a) 惰化比为16.7%

(b) 惰化比为28.6%

(c) 惰化比为37.5%

(d) 惰化比为44.4%

(e) 惰化比为50%

**图 5-7　不同惰化比火焰传播过程**

图 5-8 给出了不同惰化比下火焰传播距离随时间的变化趋势。随着惰性粉体浓度的增加，火焰传播距离会变短，且达到最远传播距离所需的时间也会不断增加。因此可以得出结论，惰性粉体 $CaCO_3$ 浓度越大，对增材制造用铝合金粉末火焰传播距离的惰化效果越好，可以有效减少增材制造用铝合金粉末爆炸造成的危害。

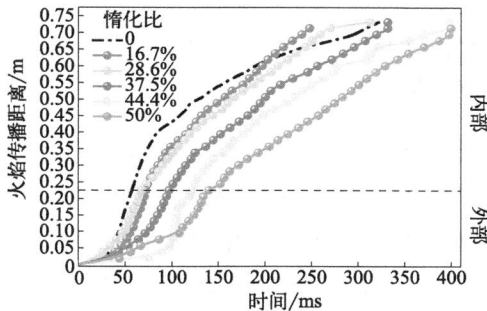

**图 5-8　不同惰化比下火焰传播距离随时间变化趋势**

基于图 5-8 可换算得到图 5-9 所示的火焰速度随火焰传播距离的变化趋势图。随着惰性粉体 $CaCO_3$ 浓度的增加，增材制造用铝合金粉末火焰速度波动减小且火焰速度会下降。在惰化比为 40％时，火焰速度波动较大，添加 16.7％和 28.6％惰化剂时，火焰速度的波动范围持续减小，当惰性粉尘浓度为 37.5％时，火焰速度的变化范围最小。原因可能是 $CaCO_3$ 粉体加入后吸收了链式反应所需的热量，随着 $CaCO_3$ 粉体含量的增加，增材制造用铝合金粉末与空气反应所需的热量也相应增加，吸收了大量的火焰热量，从而降低了火焰的爆燃温度，降低了氧气浓度，最终减缓了火焰速度波动的范围。燃烧速率的减慢为增材制造用铝合金粉末反应和释放热量提供了足够的时间。一开始，火焰速度高，短时间内增材制造用铝合金粉末热解不能产生足够的热量来支持火焰传播，因此降低了火焰速度，同时，燃烧速率的减慢为增材制造用铝合金粉末反应和放热提供了足够的时间，从而继续产生热解产物并促进火焰传播。因此，增材制造用铝合金粉末的火焰速度和热分解速率不稳定，导致火焰传播过程中出现脉动现象。

　　图 5-10 给出了管道内外以及整个火焰传播过程中火焰最大瞬时速度和火焰平均速度随 $CaCO_3$ 粉体浓度变化趋势。可以看出，火焰最大瞬时速度会随着 $CaCO_3$ 粉体浓度的增加而减小，但在 $CaCO_3$ 粉体浓度为 44.4％时，火焰传播过程中以及火焰在管内传播时火焰最大瞬时速度较大；火焰平均速度随 $CaCO_3$ 粉体浓度的增加而减小。

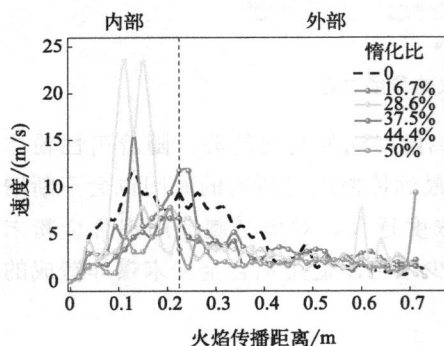

图 5-9　不同惰化比下火焰
速度随火焰传播距离变化趋势

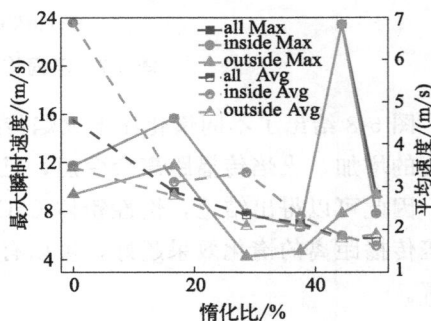

图 5-10　火焰速度随惰化比变化趋势

　　图 5-11 显示了不同 $CaCO_3$ 粉体浓度下火焰面积随火焰传播距离变化趋势。从整体上看，火焰面积随火焰传播距离的增大呈现出先增大后减小的趋势，且加入 $CaCO_3$ 粉体后火焰面积均小于未加惰化剂时的火焰面积。在管内，火焰面积会随着 $CaCO_3$ 粉体浓度的增加而呈现出先增大后减小的趋势；在管外，火焰面积会随着 $CaCO_3$ 粉体浓度的增加而减小。其中，当 $CaCO_3$ 粉体浓度为 44.4％

时，CaCO$_3$ 粉体对增材制造用铝合金粉末的火焰面积的惰化效果最好；在 CaCO$_3$ 粉体浓度为 50％时，增材制造用铝合金粉末的火焰面积会略有增加。

图 5-12 显示了不同 CaCO$_3$ 粉体浓度下火焰灰度随火焰传播距离变化趋势，从整体上看，火焰灰度随火焰传播距离的增大呈现出先增大后减小的趋势，火焰灰度会随着 CaCO$_3$ 粉体浓度的增加而减小。

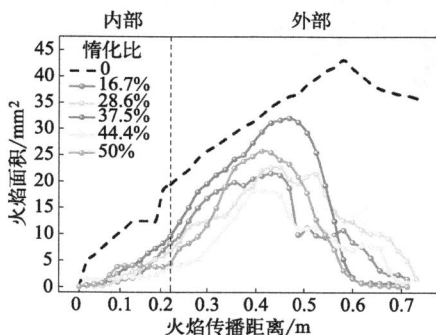

图 5-11　不同惰化比下火焰面积
随火焰传播距离变化趋势

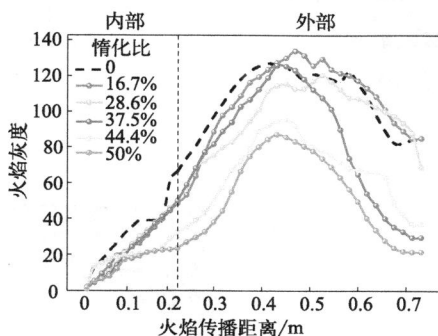

图 5-12　不同惰化比下火焰灰度
随火焰传播距离变化趋势

综上可以看出，CaCO$_3$ 粉体对增材制造用铝合金粉末爆炸火焰的惰化效果会随着 CaCO$_3$ 粉体浓度的增加而增加，因此，需要向增材制造用铝合金粉末中添加高浓度的 CaCO$_3$ 粉体以降低增材制造用铝合金粉末的爆炸危害。

## 5.2.2　CaCO$_3$ 粉体粒径对爆炸火焰特性的影响

以惰化比为 100％为例，分析不同粒径的 CaCO$_3$ 粉体对增材制造用铝合金粉末火焰速率、火焰面积和火焰亮度等传播特性的影响。图 5-13 显示了增材制造用铝合金粉末在不同粒径的 CaCO$_3$ 粉体作用下的火焰传播过程并展现了在不同粒径的 CaCO$_3$ 粉体作用下的火焰演变过程细节的差异。随着 CaCO$_3$ 粉体粒径的增加，火焰亮度呈现出先增加后减小的趋势，火焰到达最高点时的时间呈现出先增加后减小的趋势。与较小的粒径相比，大粒径的 CaCO$_3$ 粉体作用下的火焰速度明显降低。这是因为随着 CaCO$_3$ 粉体粒径的增加，其比表面积会减小，使得增材制造用铝合金粉末与空气的接触面积减小，从而降低了增材制造用铝合金粉末的热解速率，使得增材制造用铝合金粉末的燃烧速率降低，外在表现为火焰亮度变暗，火焰速度降低。

在 CaCO$_3$ 粉体粒径为 1μm 和 45μm 时，增材制造用铝合金粉末爆炸火焰亮度较高，但是哈特曼管内增材制造用铝合金粉末会分别在 250ms 和 200ms 之后燃烧完，只有部分增材制造用铝合金粉末会随着燃烧产生的压力继续上升，在火焰前峰燃烧，火焰底部由于没有增材制造用铝合金粉末燃烧，火焰亮度变暗；在

(a) 粒径为1μm

(b) 粒径为6μm

(c) 粒径为10μm

(d) 粒径为15μm

(e) 粒径为45μm

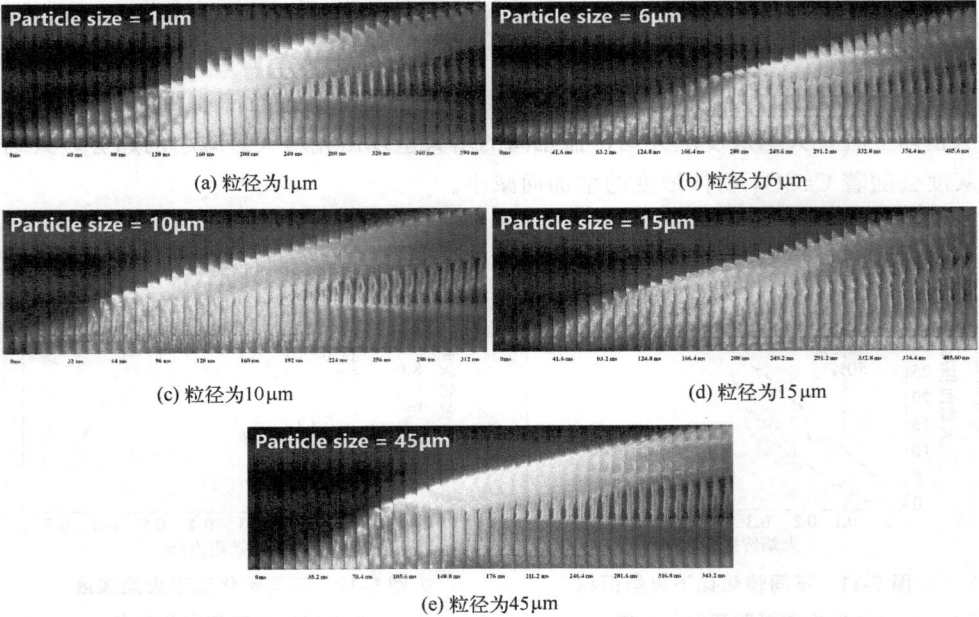

**图 5-13　不同 $CaCO_3$ 粒径火焰传播过程**

$CaCO_3$ 粉体粒径为 5μm、10μm 和 15μm 时，增材制造用铝合金粉末爆炸火焰整体较暗，但燃烧时间较长。

图 5-14 给出了不同粒径的 $CaCO_3$ 粉体下火焰传播距离随时间变化趋势。随着 $CaCO_3$ 粉体粒径的增加，火焰前峰到达哈特曼管顶部的时间呈现出先增加后减小的趋势，分别为 106.8ms、139.6ms、58.4ms、99.2ms、77.6ms；到达最高点的时间同样呈现出先增加后减小的趋势。在 $CaCO_3$ 粉体粒径为 1μm 和 6μm 时，增材制造用铝合金粉末火焰传播较慢，单位时间内火焰传播距离较短。

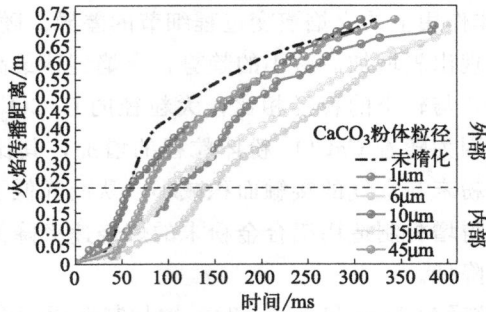

**图 5-14　不同粒径的 $CaCO_3$ 粉体下火焰传播距离随时间变化趋势**

图 5-15 是通过已知的火焰传播距离和时间计算得到的火焰速度随火焰传播距离的变化趋势。在 $CaCO_3$ 粉体粒径为 10μm 时，火焰速度波动较大。而在 Ca-

$CO_3$ 粉体粒径为 $6\mu m$ 时，增材制造用铝合金粉末的火焰速度波动很小，且整体火焰速度较低，小于 $7m/s$。

图 5-16 给出了管道内外以及整个火焰传播过程中火焰最大瞬时速度和火焰平均速度随 $CaCO_3$ 粉体粒径变化趋势。可以看出，火焰最大瞬时速度会随着 $CaCO_3$ 粉体粒径的增加呈现出先增大后减小的趋势，但在 $CaCO_3$ 粉体粒径为 $6\mu m$ 时，火焰最大瞬时速度较小，在整个火焰传播过程中以及在管内传播时火焰瞬时速度仅有 $16m/s$，火焰冲出哈特曼管后的火焰瞬时速度更小，仅有 $12m/s$；火焰平均速度随 $CaCO_3$ 粉体粒径的增加呈现出先增大后减小的趋势，在 $CaCO_3$ 粉体粒径为 $6\mu m$ 时，增材制造用铝合金粉末的火焰平均速度较高，在 $3m/s$ 左右，证明在 $CaCO_3$ 粉体粒径为 $6\mu m$ 时增材制造用铝合金粉末燃烧稳定，燃烧充分，会降低增材制造用铝合金粉末爆炸造成的危害。在 $CaCO_3$ 粉体粒径为 $1\mu m$ 时，由于粒径过小，对增材制造用铝合金粉末火焰速度的惰化作用并不大。

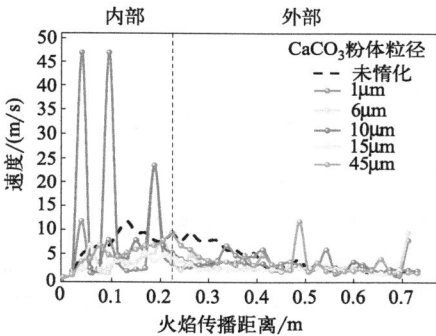

图 5-15 不同 $CaCO_3$ 粉体粒径下火焰速度随传播距离变化趋势

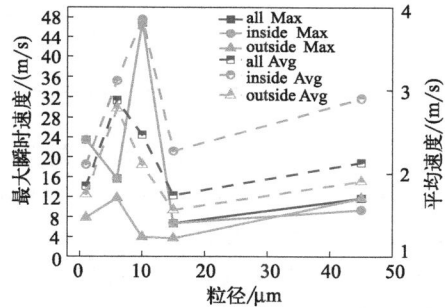

图 5-16 火焰速度随 $CaCO_3$ 粉体粒径变化趋势

图 5-17 显示了不同 $CaCO_3$ 粉体粒径下火焰面积随火焰传播距离变化趋势，从整体上看，火焰面积随 $CaCO_3$ 粉体粒径的增大呈现出先增大后减小的趋势，

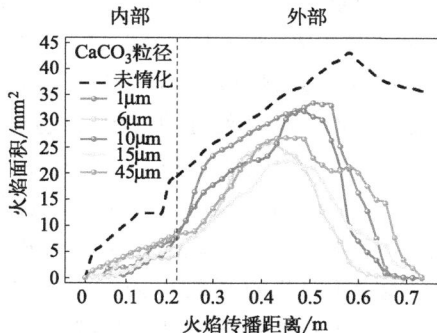

图 5-17 不同 $CaCO_3$ 粒径下火焰面积随火焰传播距离变化趋势

在管内，火焰面积会随着CaCO₃粉体粒径的增加而呈现出先增大后减小的趋势；在管外，火焰面积会随着CaCO₃粉体粒径的增加呈现出先减小后增大的趋势。

图 5-18 显示了不同 $CaCO_3$ 粉体粒径下火焰灰度随火焰传播距离变化趋势，从整体上看，火焰灰度随火焰传播距离的增大呈现出先增大后减小的趋势，火焰灰度会随着 $CaCO_3$ 粉体粒径的增加呈现出先减小后增大的趋势。其中，对增材制造用铝合金粉末火焰灰度惰化效果最好的 $CaCO_3$ 粉体粒径为 $15\mu m$。

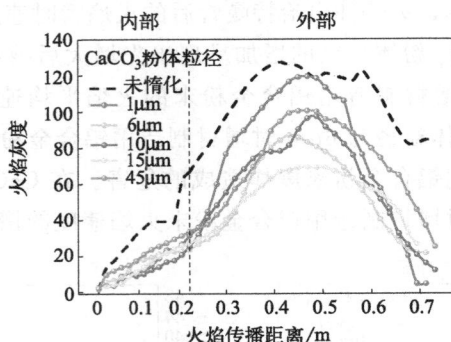

**图 5-18　不同 $CaCO_3$ 粉体粒径下火焰灰度随火焰传播距离变化趋势**

综上可以看出，除了对增材制造用铝合金粉末火焰灰度惰化效果最好的 $CaCO_3$ 粉体粒径为 $15\mu m$ 外，对增材制造用铝合金粉末火焰传播距离、火焰瞬时速度以及火焰面积惰化效果最好的 $CaCO_3$ 粉体粒径均为 $6\mu m$。因此可以确定，当 $CaCO_3$ 粉体粒径与增材制造用铝合金粉末粒径相当时，$CaCO_3$ 粉体对增材制造用铝合金粉末爆炸火焰的惰化效果最好。

为了研究 $CaCO_3$ 粉体浓度及粉体粒径对增材制造用铝合金粉末最小点火能量（MIE）的影响，首先测试出增材制造用铝合金粉末的最小点火能量。通常情况下，粉尘云最小点火能量指的是可燃粉尘能被点燃所需要的电能最小值，需在常温常压下利用特定的粉尘云最小点火能量装置通过多次实验测得，通过对粉尘云最小点火能量的测定可以衡量粉尘云对电火花的敏感程度。

实验参照标准 ASTM E2019-03 和 GB/T 16428—1996，分别探究点火延迟时间、喷尘压力及粉尘浓度对增材制造用铝合金粉末 MIE 的影响。标准指出，若在点火电极释放电火花后，点火电极附近的粉尘云被点燃且可以形成稳定传播的火焰，则可以判定为着火。在测试粉尘云最小点火能量时通常采用二分法进行测试，最开始选取一个确保能点燃粉尘云的较大能量，如果粉尘云未被点燃，需要进行重复实验确保该点火能量不可以点燃粉尘云，若连续 20 次粉尘云均未被点燃，则可以判定该点火能量不足以点燃粉尘云，需要加大点火能量继续测试；如果粉尘云被点燃，则减小电火花能量再次进行测试。通过反复实验，测出连续 20 次粉尘云均未被点燃的最大电火花能量 $E_1$ 以及连续 20 次粉尘云均被点燃的

最小电火花能量 $E_2$，则所求粉尘云最小点火能量位于 $E_1$ 和 $E_2$ 之间。

通常认为粉尘云最小点火能量除了与粉尘本身性质有关外，还会受到粉尘浓度、喷尘压力以及点火延迟时间的影响。而增材制造用铝合金粉末的最佳点火延迟时间已在本书中测出，因此后续不再重复测试。本书选取 5 组粉尘浓度及 5 组喷尘压力进行交叉实验，其中粉尘浓度分别为 $417g/m^3$、$833g/m^3$、$1250g/m^3$、$1667g/m^3$、$2083g/m^3$，喷尘压力分别为 100kPa、150kPa、200kPa、250kPa、300kPa。一共测试了 25 组工况的增材制造用铝合金粉末的点火能量，由于测试次数过多，因此只取了每组工况中未发生着火的最小点火能量 $E_1$ 和着火的最大点火能量 $E_2$ 进行展示，部分测试结果如表 5-5 所示。

表 5-5　增材制造用铝合金粉尘云最小点火能量实验结果（部分测试结果）

| 粉尘浓度/<br>(kg/m³) | 喷尘压力<br>/kPa | 点火能量<br>/mJ | 现象 | 粉尘浓度/<br>(kg/m³) | 喷尘压力<br>/kPa | 点火能量<br>/mJ | 现象 |
| --- | --- | --- | --- | --- | --- | --- | --- |
| 0.417 | 100 | 58 | 着火 | 1.250 | 200 | 7 | 未着火 |
| 0.417 | 100 | 50 | 未着火 | 1.667 | 200 | 15 | 着火 |
| 0.833 | 100 | 25 | 着火 | 1.667 | 200 | 10 | 未着火 |
| 0.833 | 100 | 15 | 未着火 | 2.083 | 200 | 20 | 着火 |
| 1.250 | 100 | 12 | 着火 | 2.083 | 200 | 16 | 未着火 |
| 1.250 | 100 | 10 | 未着火 | 0.417 | 250 | 50 | 着火 |
| 1.667 | 100 | 20 | 着火 | 0.417 | 250 | 48 | 未着火 |
| 1.667 | 100 | 15 | 未着火 | 0.833 | 250 | 45 | 着火 |
| 2.083 | 100 | 22 | 着火 | 0.833 | 250 | 40 | 未着火 |
| 2.083 | 100 | 20 | 未着火 | 1.250 | 250 | 22 | 着火 |
| 0.417 | 150 | 35 | 着火 | 1.250 | 250 | 20 | 未着火 |
| 0.417 | 150 | 30 | 未着火 | 1.667 | 250 | 38 | 着火 |
| 0.833 | 150 | 25 | 着火 | 1.667 | 250 | 35 | 未着火 |
| 0.833 | 150 | 20 | 未着火 | 2.083 | 250 | 42 | 着火 |
| 1.250 | 150 | 10 | 着火 | 2.083 | 250 | 40 | 未着火 |
| 1.250 | 150 | 8 | 未着火 | 0.417 | 300 | 70 | 着火 |
| 1.667 | 150 | 18 | 着火 | 0.417 | 300 | 60 | 未着火 |
| 1.667 | 150 | 14 | 未着火 | 0.833 | 300 | 60 | 着火 |
| 2.083 | 150 | 20 | 着火 | 0.833 | 300 | 50 | 未着火 |
| 2.083 | 150 | 18 | 未着火 | 1.250 | 300 | 25 | 着火 |
| 0.417 | 200 | 30 | 着火 | 1.250 | 300 | 23 | 未着火 |
| 0.417 | 200 | 28 | 未着火 | 1.667 | 300 | 40 | 着火 |
| 0.833 | 200 | 20 | 着火 | 1.667 | 300 | 30 | 未着火 |
| 0.833 | 200 | 18 | 未着火 | 2.083 | 300 | 47 | 着火 |
| 1.250 | 200 | 9 | 着火 | 2.083 | 300 | 45 | 未着火 |

根据测试结果分析得到如表 5-6 所示的增材制造用铝合金粉尘云点火能量在各实验条件下的分布情况，可以发现在粉尘浓度为 $1.250kg/m^3$、喷尘压力为 200kPa 时，增材制造用铝合金粉尘云的点火能量最小为 8mJ，则增材制造用铝合金粉尘云最小点火能量为 8mJ。

表 5-6　增材制造用铝合金粉尘云点火能量　　　　　　　单位：mJ

| 实验条件 | 100kPa | 150kPa | 200kPa | 250kPa | 300kPa |
|---|---|---|---|---|---|
| $0.417kg/m^3$ | 52 | 32 | 29 | 45 | 65 |
| $0.833kg/m^3$ | 24 | 21 | 19 | 42 | 56 |
| $1.250kg/m^3$ | 11 | 9 | 8 | 21 | 24 |
| $1.667kg/m^3$ | 18 | 15 | 12 | 36 | 38 |
| $2.083kg/m^3$ | 21 | 19 | 18 | 41 | 46 |

图 5-19 描述了增材制造用铝合金粉尘云最小点火能量随喷尘压力变化趋势。由图 5-19 可知，随着喷尘压力的增加，增材制造用铝合金粉尘云最小点火能量会先增加，在喷尘压力大于 200kPa 后，增材制造用铝合金粉末点火能量会逐渐增大。当喷尘压力为 100~200kPa 时，随着喷尘压力的增加，粉尘云单位体积反应速率增加，粉尘云最小点火能量随着喷尘压力的增加而逐渐减小，且粉尘云最小点火能量变化不大，在 10~25mJ 范围内变化。当喷尘压力大于 200kPa 时，部分增材制造用铝合金粉末会被喷出管外，导致管内粉尘云浓度下降，不容易被点燃，所需点火能量增加，此时增材制造用铝合金粉的点火能量迅速上升，在增材制造用铝合金粉尘浓度为 $417g/m^3$ 时，取得最大值 65mJ。

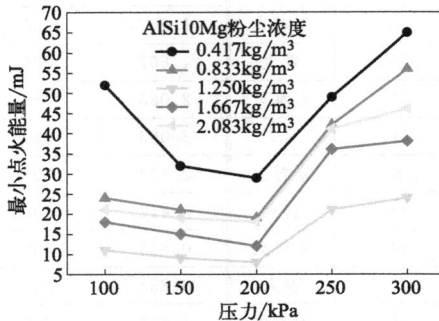

图 5-19　最小点火能量随喷尘压力变化趋势

另外，可以看出当喷尘压力相同时，随着增材制造用铝合金粉末浓度的增加，增材制造用铝合金粉末所需点火能量会逐渐减小，在粉尘浓度大于 $1250g/m^3$ 后，增材制造用铝合金粉末所需点火能量开始增加。这是由于随着粉尘云浓度增加，单位体积内增材制造用铝合金粉末与电火花接触的颗粒数量也会增加，因此粉尘云被电火花点燃的可能性也会增加，所以粉尘云被点燃所需的电火花能量会减小；而当粉尘云超过这个阈值后，单位体积内粉尘颗粒过多，会使得每个粉尘颗粒接触到的氧气减少，且粉尘云升高到足以汽化的温度所需总能量会增加，但是由于喷尘压力未发生改变，电火花释放的能量不变，因此点燃粉尘云需要更多的能量，即粉尘云最小点火能量会增加。

图 5-20 为增材制造用铝合金粉尘云最小点火能量的 3D 图。从图中可以看出，粉尘云最小点火能量呈现出中间低四周高的趋势，且粉尘浓度对增材制造用铝合金粉尘云最小点火能量的影响大于喷尘压力对最小点火能量的影响。

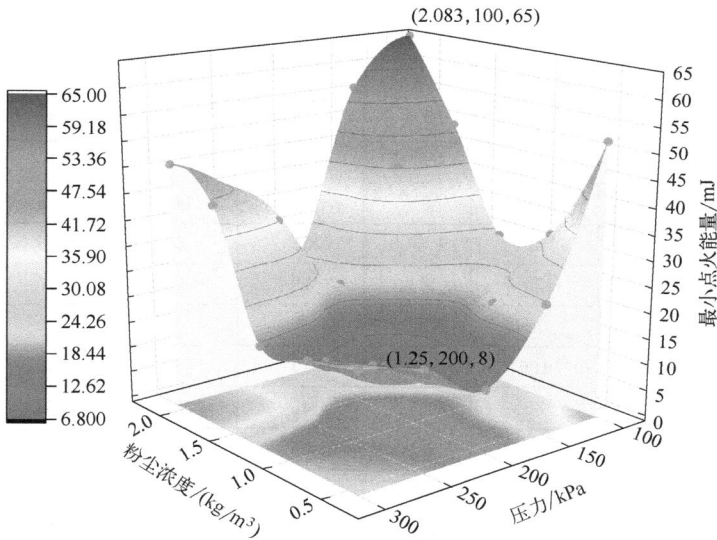

图 5-20　最小点火能量 3D 图

### 5.2.3　CaCO₃ 粉体浓度对最小点火能量的影响

在之前测得的增材制造用铝合金粉尘云最小点火能量实验条件下测试，即采用喷尘压力为 200kPa、粉尘浓度为 1250g/m³ 的实验条件。向增材制造用铝合金粉末中加入不同粒径和不同浓度的 CaCO₃ 粉体，选取 5 组不同粒径及 5 组不同浓度的 CaCO₃ 粉体进行交叉实验，一共测试了 25 组工况的增材制造用铝合金粉末的点火能，由于测试次数过多，因此只取了每组工况中未着火的最大点火能量 $E_1$ 和着火的最小点火能量 $E_2$ 进行展示，部分测试结果如表 5-7 所示。

表 5-7　最小点火能量惰化实验结果（部分测试结果）

| CaCO$_3$ 粒径 /μm | 惰化比 /% | 最小点火能量 /mJ | 现象 | CaCO$_3$ 粒径 /μm | 惰化比 /% | 最小点火能量 /mJ | 现象 |
|---|---|---|---|---|---|---|---|
| 1 | 16.7 | 28 | 着火 | 10 | 37.5 | 70 | 未着火 |
| 1 | 16.7 | 25 | 未着火 | 10 | 44.4 | 80 | 着火 |
| 1 | 28.6 | 40 | 着火 | 10 | 44.4 | 75 | 未着火 |
| 1 | 28.6 | 35 | 未着火 | 10 | 50 | 85 | 着火 |
| 1 | 37.5 | 50 | 着火 | 10 | 50 | 78 | 未着火 |
| 1 | 37.5 | 45 | 未着火 | 15 | 16.7 | 25 | 着火 |
| 1 | 44.4 | 70 | 着火 | 15 | 16.7 | 20 | 未着火 |
| 1 | 44.4 | 67 | 未着火 | 15 | 28.6 | 37 | 着火 |
| 1 | 50 | 75 | 着火 | 15 | 28.6 | 30 | 未着火 |
| 1 | 50 | 70 | 未着火 | 15 | 37.5 | 55 | 着火 |
| 6 | 16.7 | 25 | 着火 | 15 | 37.5 | 50 | 未着火 |
| 6 | 16.7 | 20 | 未着火 | 15 | 44.4 | 70 | 着火 |
| 6 | 28.6 | 37 | 着火 | 15 | 44.4 | 65 | 未着火 |
| 6 | 28.6 | 30 | 未着火 | 15 | 50 | 75 | 着火 |
| 6 | 37.5 | 75 | 着火 | 15 | 50 | 70 | 未着火 |
| 6 | 37.5 | 72 | 未着火 | 45 | 16.7 | 60 | 着火 |
| 6 | 44.4 | 100 | 着火 | 45 | 16.7 | 50 | 未着火 |
| 6 | 44.4 | 88 | 未着火 | 45 | 28.6 | 68 | 着火 |
| 6 | 50 | 110 | 着火 | 45 | 28.6 | 65 | 未着火 |
| 6 | 50 | 100 | 未着火 | 45 | 37.5 | 75 | 着火 |
| 10 | 16.7 | 25 | 着火 | 45 | 37.5 | 70 | 未着火 |
| 10 | 16.7 | 15 | 未着火 | 45 | 44.4 | 88 | 着火 |
| 10 | 28.6 | 30 | 着火 | 45 | 44.4 | 85 | 未着火 |
| 10 | 28.6 | 20 | 未着火 | 45 | 50 | 95 | 着火 |
| 10 | 37.5 | 75 | 着火 | 45 | 50 | 90 | 未着火 |

　　根据测试结果，可以计算得到不同浓度的增材制造用铝合金-CaCO$_3$ 混合粉尘云的最小点火能量如图 5-21 所示。

　　由图 5-21 可知，总体上混合粉尘云的最小点火能量随 CaCO$_3$ 粉体含量的增大而增加。当 CaCO$_3$ 粉体粒径为 6μm 和 10μm 时，增材制造用铝合金粉末的最小点火能量会在 CaCO$_3$ 粉体浓度为 37.5％时出现突变，在 CaCO$_3$ 粉体浓度小于 37.5％时，增材制造用铝合金粉末的最小点火能量基本未发生变化，仅比不添加任何惰性粉体的增材制造用铝合金粉末的最小点火能量略高，而当 CaCO$_3$

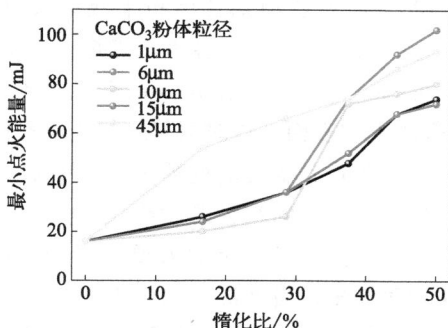

图 5-21 最小点火能量随 CaCO₃ 粉体浓度变化趋势

粉体浓度大于 37.5％时，增材制造用铝合金粉的最小点火能量会迅速增加；当 CaCO₃ 粉体粒径为 $1\mu m$、$15\mu m$ 和 $45\mu m$ 时，增材制造用铝合金粉末的最小点火能量并不会出现突变，基本呈线性增加。当 CaCO₃ 粉体浓度为 50％时，增材制造用铝合金粉体的最小点火能量最大，但也只有 100mJ。由此可以看出，将 CaCO₃ 作为惰性粉体加入增材制造用铝合金粉末中，并不能将增材制造用铝合金粉末完全惰化，此时增材制造用铝合金粉末仍有爆炸风险。

### 5.2.4　CaCO₃ 粉体粒径对最小点火能量的影响

实验采用 200kPa 的喷尘压力，粉尘浓度为 $1.250kg/m^3$，测得不同粒径的增材制造用铝合金-CaCO₃ 混合粉尘云的最小点火能量如图 5-22 所示。

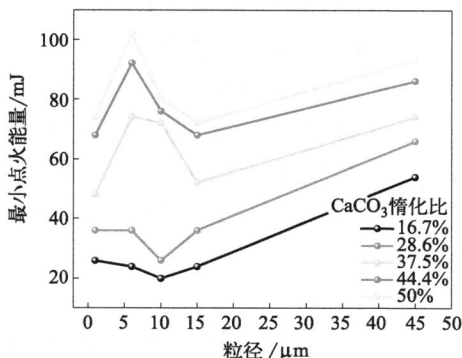

图 5-22　最小点火能量随 CaCO₃ 粉体粒径变化趋势图

根据图 5-22 可以知道，随着 CaCO₃ 粉体粒径的增大，混合粉尘云的最小点火能量会先减小后增大。当 CaCO₃ 粉体浓度在 50％时，CaCO₃ 粉体粒径为 $6\mu m$ 时混合粉尘云的最小点火能量最大可以达到 100mJ，但爆炸仍可发生。在 CaCO₃ 粉体粒径为 $6\mu m$ 时，由于 CaCO₃ 粉体粒径和增材制造用铝合金粉粒径相当，这时 $CaCO_3$ 粉体和增材制造用铝合金粉末充分接触，使得增材制造用铝合金粉末与空气的接触面积减少，更加不容易被点燃，因此导致此时增材制造用铝合金粉体 MIE 较大。在 $CaCO_3$ 粉体粒径为 $1\mu m$ 时，由于粒径过小，不足以完全覆盖在增材制造用铝合金粉末的表面，这时氧气通过表面裂隙进入颗粒内部，氧化反应加剧开始急剧放热，而热量不能被惰性粉体完全吸收，因此此时 MIE 较小。当 $CaCO_3$ 粉体粒径较大时，粉尘云的粒径跨度会比较大，其中也会存在部分粒径较小的 $CaCO_3$ 粉体，这些小粒径 $CaCO_3$ 粉体在受热后会更容易热解，但其中较大粒径的 $CaCO_3$ 粉体悬浮时间较短，当这部分粉体下降时会带走部分增材制造用铝合金粉末，使得增材制造用铝合金粉末浓度降低，增材制造用铝合金粉末不能产生持续火焰，从而导致增材制造用铝合金粉尘云的 MIE 相对较大。

经过实验证明，增材制造用铝合金粉末的最小点火能量会随着 $CaCO_3$ 粉体粒径的增加而增加，因此大粒径的 $CaCO_3$ 粉体对增材制造用铝合金粉末惰化效果更好，而当 $CaCO_3$ 粉体粒径与增材制造用铝合金粉末粒径相当时，其惰性效果最佳，但 $CaCO_3$ 仅可以将增材制造用铝合金粉末最小点火能量提升到 $100mJ$ 左右，此时增材制造用铝合金粉末还是有爆炸风险，因此不宜将 $CaCO_3$ 粉体作为增材制造用铝合金粉末的惰性粉体，需要选取惰化效果更好的惰性粉体。

### 5.2.5 $CaCO_3$ 粉体作用下爆炸特性预测模型

上述研究表明，增材制造用铝合金粉末的最小点火能量与 $CaCO_3$ 粉体浓度存在正相关关系，但会随着 $CaCO_3$ 粉体粒径的增加呈现出类似凹抛物线的趋势。为了更好地理解这一关系，以 $CaCO_3$ 粉体粒径和浓度为变量，并使用 MATLAB 进行非线性拟合，从而得出了相关的公式

$$\begin{aligned} f(x,y) = &51.21 + 44.84x + 27.19y + 185.8x^2 \\ &-46.34xy - 2.19y^2 + 68.71x^3 - 20.98x^2y \\ &-0.7199xy^2 - 6.391y^3 - 94.85x^4 \\ &+22.7x^3y + 1.417x^2y^2 + 3.073xy^3 \end{aligned} \tag{5-1}$$

式中　$x$——$CaCO_3$ 粉体粒径；

$y$——$CaCO_3$ 粉体质量分数。

拟合相关系数为 $0.9726$，拟合情况良好，拟合曲面如图 5-23 所示。

通过拟合后的模型可以预测在加入任意浓度或粒径 $CaCO_3$ 粉体后，增材制造用铝合金粉末最小点火能量的变化情况。

### 5.2.6 $CaCO_3$ 粉体浓度和粒径对爆炸特性的影响

掺混粒径为 $10\mu m$，浓度分别为 $20\%$、$40\%$、$60\%$、$80\%$ 的 $CaCO_3$ 粉体后的铝合金粉末的爆炸火焰发展进程图像如图 5-24 所示。由图可知，随着掺混

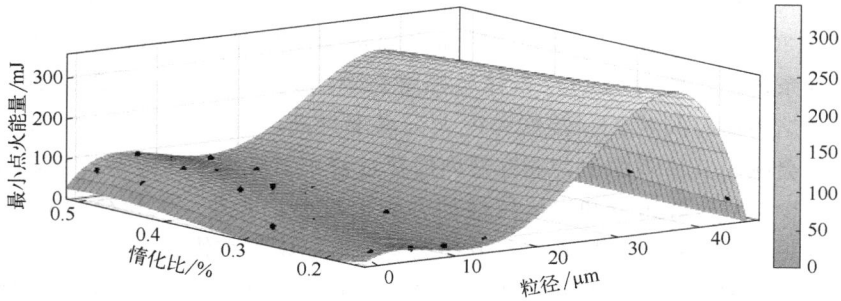

图 5-23  不同 $CaCO_3$ 粉体浓度及粒径下增材制造用铝合金粉末 MIE 拟合曲面

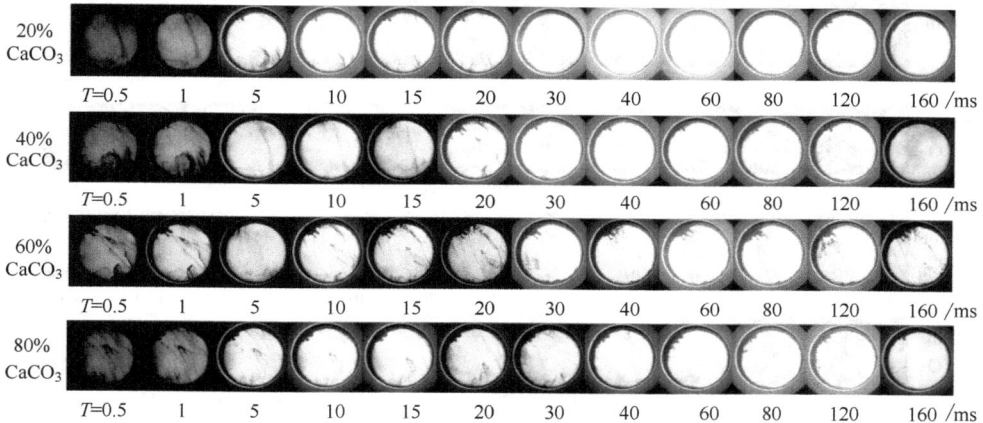

图 5-24  在不同浓度的 $CaCO_3$ 粉体的抑制作用下铝合金粉末爆炸火焰发展进程

$CaCO_3$ 粉体浓度增大，铝合金粉末爆炸火焰整体亮度逐渐变暗，火焰剧烈燃烧时间分别为 160ms、140ms、130ms、120ms，爆炸火焰发展时间逐渐缩短。从火焰图像可知，随着 $CaCO_3$ 粉体浓度增大，爆炸腔内的未燃铝合金粉末增多，当浓度达到 80% 时尤其明显。结果表明，$CaCO_3$ 粉体粒径分布相同时，增大其浓度有助于降低铝合金粉末的燃烧率，缩短爆炸火焰发展时间，达到增强抑制作用的目的。当 $CaCO_3$ 粉体粒径较小时，在高温高压下能够有效形成钙质薄膜，并在铝合金粉末表面形成隔热层，能够降低铝合金粉末与氧气的接触率，减缓了铝合金的氧化燃烧反应。此外，$CaCO_3$ 粉体粒径在高温条件下吸热并发生分解反应，产生氧化钙并释放 $CO_2$ 气体，引起局部氧气浓度降低，进而影响火焰传播的连续性。所以，增加 $CaCO_3$ 粉体浓度有助于减缓火焰发展进程，有效降低铝合金粉末的热传递率。

掺混浓度为 80%，粒径分别为 $10\mu m$、$20\mu m$、$40\mu m$、$65\mu m$ 的 $CaCO_3$ 粉体的铝合金粉末爆炸火焰发展进程图像如图 5-25 所示。由图可知，随着 $CaCO_3$ 粉体粒径增大，铝合金粉末爆炸火焰整体亮度逐渐变亮，火焰剧烈燃烧时间分别为120ms、130ms、150ms、160ms，爆炸火焰持续燃烧时间增加。结果表明，在相同浓度条件下，增大 $CaCO_3$ 粉体粒径将会降低其抑制作用，导致铝合金粉末的爆炸火焰传播时间延长、爆炸腔内火焰温度升高、爆炸更剧烈。增大 $CaCO_3$ 粉体粒径会减小其比表面积，在容器内爆炸过程中更难以发生分解反应，吸收体系热能减少，对气体组分和火焰特性的影响也较小。此外，大粒径的 $CaCO_3$ 粉体流动性更强，对铝合金粉末的分散性更弱，难以附着在铝合金粉末表面形成隔热层，导致对铝合金粉尘的隔热作用减弱。因此，增大 $CaCO_3$ 粉体粒径将会减弱其吸热和隔热能力，从而降低对铝合金粉末的抑制能力。

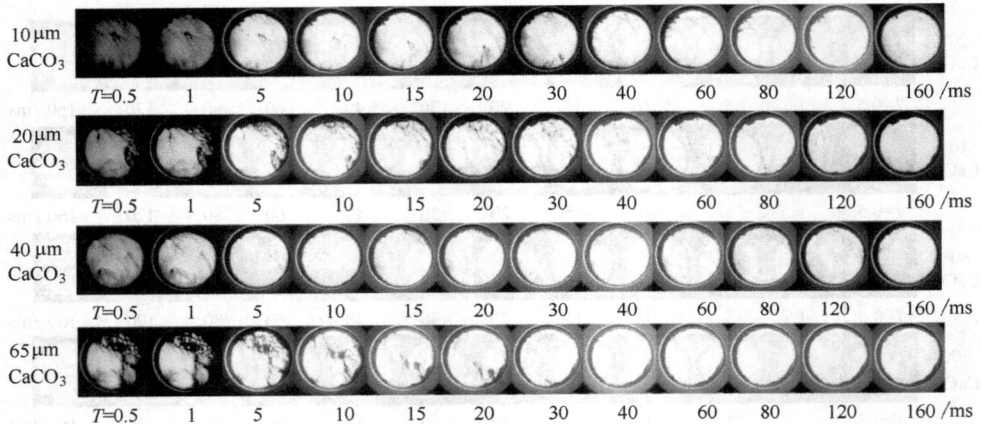

图 5-25  在不同粒径的 $CaCO_3$ 粉体的抑制作用下铝合金粉末爆炸火焰发展进程

掺混 $CaCO_3$ 粉体的铝合金粉末的爆炸超压见表 5-8。当 $CaCO_3$ 粒径为 $10\mu m$ 时，掺混 20%、40%、60%、80%浓度的碳酸钙粉体的铝合金粉末爆炸超压分别为 0.41MPa、0.3MPa、0.28MPa、0.21MPa；当 $CaCO_3$ 粉体粒径为 $20\mu m$ 时，掺混不同浓度的碳酸钙粉体的铝合金粉末爆炸超压分别为 0.48MPa、0.38MPa、0.34MPa、0.23MPa；当 $CaCO_3$ 粉体粒径为 $40\mu m$ 时，掺混不同浓度的碳酸钙粉体的铝合金粉末爆炸超压分别为 0.51MPa、0.43MPa、0.36MPa、0.29MPa；当 $CaCO_3$ 粉体粒径为 $65\mu m$ 时，掺混不同浓度的碳酸钙粉体的铝合金粉末爆炸超压分别为 0.52MPa、0.5MPa、0.38MPa、0.31MPa。

表 5-8  $CaCO_3$ 抑制作用下爆炸超压

| 爆炸超压/MPa | 20% | 40% | 60% | 80% |
| --- | --- | --- | --- | --- |
| $10\mu m$ | 0.41 | 0.3 | 0.28 | 0.21 |
| $20\mu m$ | 0.48 | 0.38 | 0.34 | 0.23 |
| $40\mu m$ | 0.51 | 0.43 | 0.36 | 0.29 |
| $65\mu m$ | 0.52 | 0.5 | 0.38 | 0.31 |

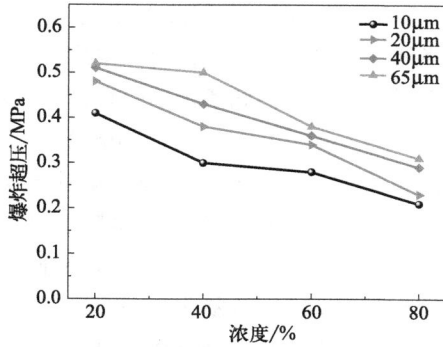

**图 5-26　CaCO₃ 抑制作用下爆炸超压特征**

在不同浓度和粒径 CaCO₃ 粉体的抑制作用下铝合金粉末爆炸超压特征如图 5-26 所示。结果表明，铝合金粉末爆炸超压与 CaCO₃ 粉体浓度成反比，与 CaCO₃ 粉体粒径成正比。铝合金粉末在爆炸过程中，CaCO₃ 粉体受到高温高压影响，能够吸收热量发生分解反应，生产氧化钙和二氧化碳气体。随着其浓度增加，碳酸钙粉体可以更高效地吸收爆炸热能，形成氧化物膜覆盖于未燃铝合金粉末表面，减少这部分粉末与氧气接触；生成的二氧化碳气体在密闭空间内进一步降低氧气浓度，从而减缓未燃铝合金粉末的燃烧速率，降低爆炸火焰温度，达到降低超压强度的作用。此外，减小 CaCO₃ 粉体的粒径能够增大其比表面积、提高化学反应活性。在爆炸过程中，细微的 CaCO₃ 颗粒可以更有效地吸收热能并发生分解反应，降低燃烧体系温度，减缓铝合金粉末颗粒的链式反应。因此，对铝合金粉末进行抑爆，可以选择微米级的惰性粉体并增加其浓度，以增强抑制作用。

铝合金粉末爆炸压力随 CaCO₃ 粉体浓度和粒径的耦合压降演化趋势如图 5-27 所示。

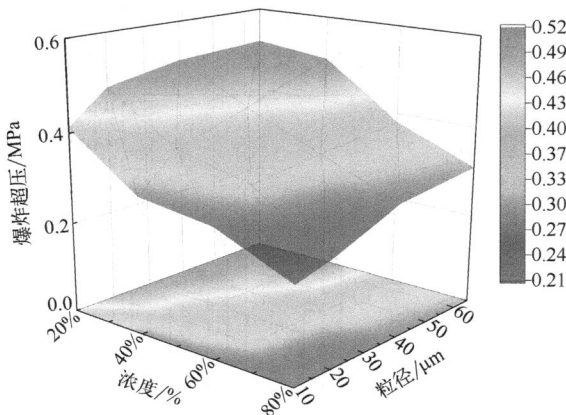

**图 5-27　CaCO₃ 抑制作用下爆炸压降演化趋势**

由图 5-27 可知，在 $CaCO_3$ 粉体浓度增大和粒径减小的双重因素影响下，铝合金粉末的爆炸超压逐渐降低。显然，当碳酸钙粉体浓度小于 40% 且粒径大于 $30\mu m$ 时构建的爆炸超压区域压强较高，表明此条件下碳酸钙粉体的抑制作用较弱。当碳酸钙粉体浓度大于 70% 且粒径小于 $20\mu m$ 时构建的爆炸超压区域接近 0.2MPa，此条件下碳酸钙粉体的抑爆作用明显，对铝合金粉末爆炸的抑制能力显著。结果表明，铝合金粉末的爆炸超压受到碳酸钙粉体浓度和粒径的双重影响，当 $CaCO_3$ 粉体浓度大于 80%、粒径小低于 $20\mu m$ 时对铝合金粉末的抑制作用效果最佳。

此外，根据表 5-8 所示的 $CaCO_3$ 抑制作用下的铝合金粉末爆炸超压，构建了压强关于 $CaCO_3$ 粉体浓度和粒径的拟合函数，如式（5-2）所示，该拟合函数能够较好地关联受到抑制作用的铝合金粉末爆炸超压压强与碳酸钙粉体浓度和粒径的内在联系。

$$W = 0.4217 - 0.3226m + 0.0058n - 6.8 \times 10^{-3}mn - 0.0156m^2 - 0.4328n^2$$

$$(5-2)$$

$$R^2 = 0.963$$

式中　$m$——$CaCO_3$ 粉体浓度；

$\quad\quad n$——$CaCO_3$ 粉体粒径；

$\quad\quad W$——铝合金粉末受到碳酸钙抑制作用的爆炸超压。

根据式（5-2）计算了不同浓度和粒径的 $CaCO_3$ 粉体对铝合金粉末爆炸超压的抑爆率，如图 5-28 所示。粉体浓度为 20% 时，粒径为 $10\mu m$、$20\mu m$、$40\mu m$、$65\mu m$ 的 $CaCO_3$ 粉体对爆炸超压的抑爆率分别为 22.6%、9.4%、3.8%、1.9%；粉体浓度为 40% 时，不同粒径的 $CaCO_3$ 粉体对爆炸超压的抑爆率分别为 43.4%、28.3%、18.9%、5.7%；粉体浓度为 60% 时，不同粒径的 $CaCO_3$ 粉体对爆炸超压的抑爆率分别为 47.2%、35.8%、32.1%、28.3%；粉体浓度为 80% 时，所对应不同粒径的 $CaCO_3$ 粉体对爆炸超压的抑爆率分别为 60.4%、56.6%、45.3%、41.5%。结果表明，随着 $CaCO_3$ 粉体浓度增大和粒径减小，

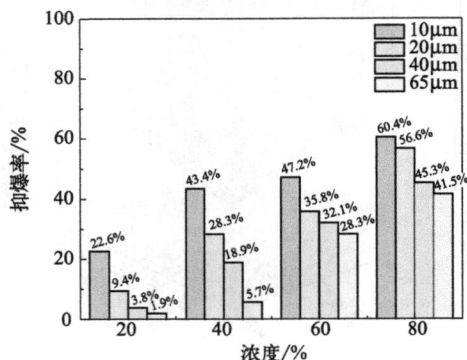

图 5-28　不同工况的 $CaCO_3$ 对铝合金粉尘的抑爆率

碳酸钙粉体对铝合金粉末的抑爆率增大。由于增大 $CaCO_3$ 粉体的浓度和减小粒径可以提高碳酸钙粉体参与燃烧反应效率，单位质量吸收更多热能，减少铝合金粉末的燃烧速率，因此可以提高其抑爆率，从而降低爆炸超压。

## 5.3　$NH_4H_2PO_4$ 粉体对典型增材制造用金属粉尘爆炸的抑制研究

### 5.3.1　$NH_4H_2PO_4$ 粉体浓度对火焰传播的影响

为了保证火焰传播图像的准确性和一致性，将电极放电那一刻定义为火焰传播的起始时间。添加不同浓度（0％、20％、40％、60％、80％）的 $NH_4H_2PO_4$ 粉体后铝合金粉尘云的火焰传播过程如图 5-29 所示。

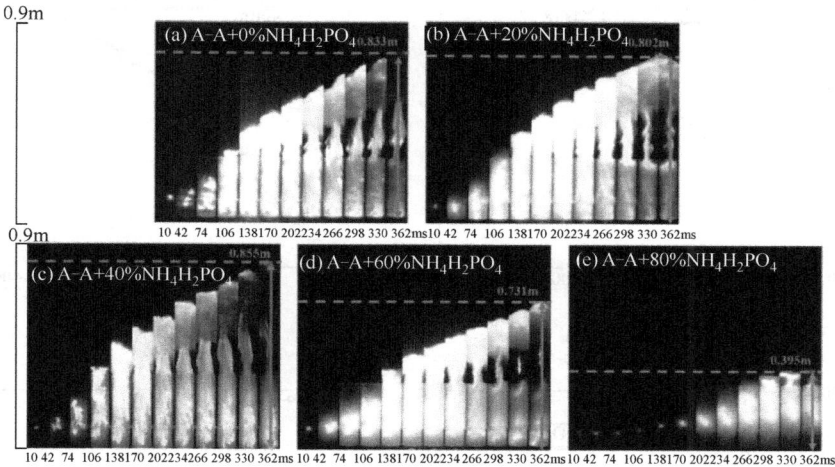

图 5-29　在不同浓度 $NH_4H_2PO_4$ 粉体抑制作用下铝合金粉尘云的火焰传播过程

由图 5-29 可知，随着 $NH_4H_2PO_4$ 粉体浓度的增加，总体上火焰亮度随着惰性粉尘的加入而变暗。结果显示，当 $NH_4H_2PO_4$ 粉体浓度小于 60％时，火焰引燃时间基本接近（42ms）；当粉体浓度达到 80％时，火焰引燃时间明显延后（202ms）。此外，当 $NH_4H_2PO_4$ 粉体浓度小于 60％时，火焰形态由饱满转向离散态（330ms 后），且在发展后期火焰呈现纤细和断层现象。当粉体浓度达到80％时，在相同时间内的火焰高度显著降低，且燃烧时间明显缩短。当 $NH_4H_2PO_4$ 粉体浓度小于 60％时，抑制效果较弱，铝合金粉尘云火焰引燃时间基本接近。当 $NH_4H_2PO_4$ 粉体浓度大于 80％时，随着时间的推移，铝合金粉尘云浓度逐渐降低，火焰在后期出现离散和中断现象。在燃烧反应体系中，大量的 $NH_4H_2PO_4$ 粉体颗粒悬浮于铝合金粉末颗粒之间或吸附在其表面，阻碍了热释放速率，降低了颗粒的燃烧率。因此，铝合金粉末燃烧火焰时间推迟，火焰发展时间缩短，火焰高度显著降低。结果表明，$NH_4H_2PO_4$ 粉体浓度大于 80% 时，铝合金粉末颗粒燃烧率降低，$NH_4H_2PO_4$ 粉体的抑制作用增强。

在相同浓度、不同粒径的 $NH_4H_2PO_4$ 粉体的抑制作用下的铝合金粉尘云火焰传播距如图 5-30（a）～（d）所示。当 $NH_4H_2PO_4$ 粉体浓度达到 80% 时，粒径的变化对火焰距离影响较大。此时，粒径为 $10\mu m$、$20\mu m$、$40\mu m$、$65\mu m$ 时的最远火焰距离分别为 39.51cm、58.85cm、54.50cm、51.11cm。结果表明，在 $NH_4H_2PO_4$ 粉体浓度达 80%、粒径为 $10\mu m$ 时，对铝合金粉末火焰的抑制效果更优。尽管 $NH_4H_2PO_4$ 粉体粒径的变化对铝合金粉末火焰距离的影响较小，但在浓度足够时，$NH_4H_2PO_4$ 粉体的粒径越小，其抑制作用越强。

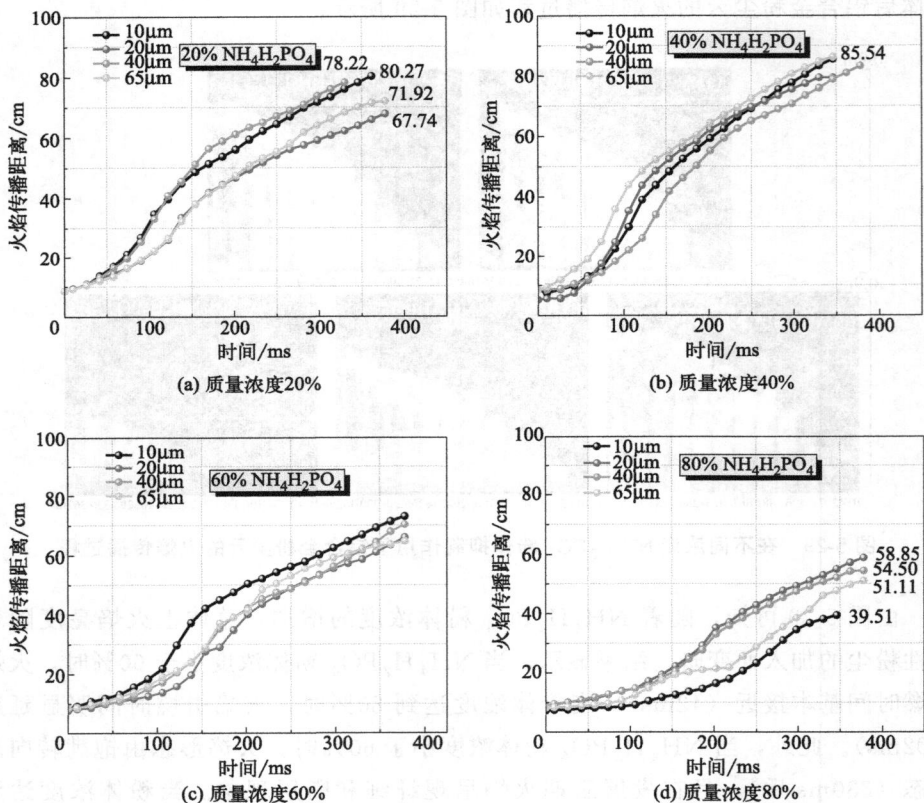

图 5-30　$NH_4H_2PO_4$ 粉体抑制作用下的火焰传播距离

在相同浓度、不同粒径的 $NH_4H_2PO_4$ 粉体的抑制作用下的铝合金粉尘云火焰速度如图 5-31 所示。在低浓度作用下，粒径变化对火焰传播行为影响较小；但在高浓度作用下，粒径变化对火焰传播行为影响更大。当浓度达 40% 时，

$NH_4H_2PO_4$ 粉体的物理分散作用最佳。相比于浓度为 20% 时，此浓度下的铝合金粉末单位时间内燃烧率有所降低，间接延长了铝合金粉末的燃烧时间。当浓度为 80% 时，$NH_4H_2PO_4$ 粉体对铝合金粉尘云火焰速度的抑制效果最佳。

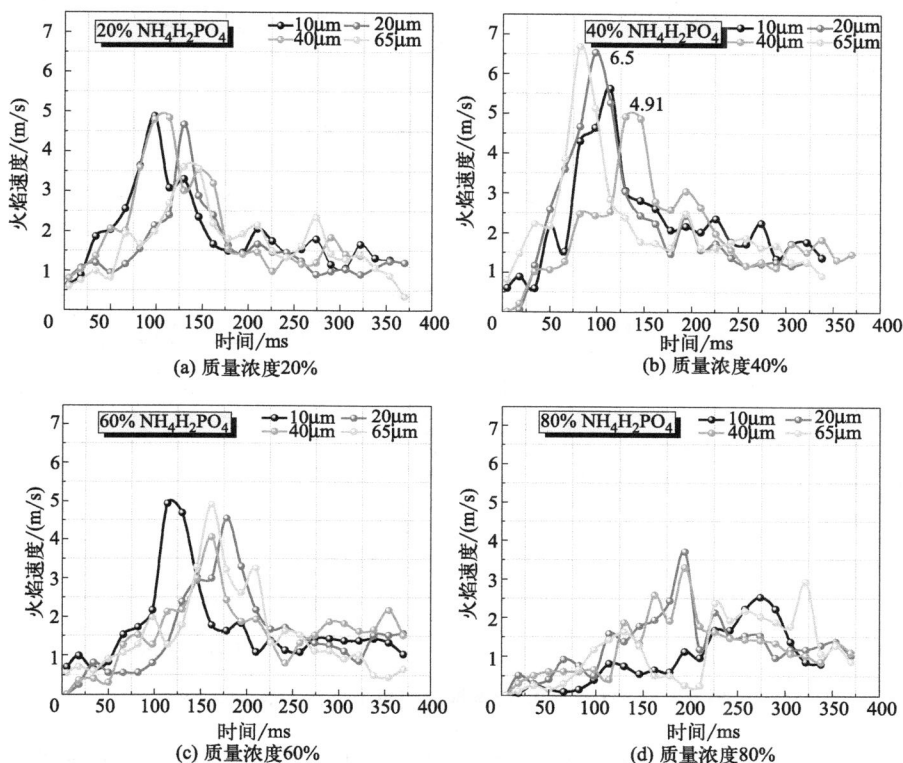

图 5-31　$NH_4H_2PO_4$ 粉体抑制作用下的火焰速度

## 5.3.2　$NH_4H_2PO_4$ 粉体粒径对火焰传播距离的影响

在相同粒径、不同浓度的 $NH_4H_2PO_4$ 粉体的抑制作用下的铝合金粉末火焰传播距离随时间变化的趋势如图 5-32 所示。将火焰距离定义为火焰前峰距离管道底部的高度。显然，随着火焰传播，火焰传播距离逐渐增加。当 $NH_4H_2PO_4$ 粉体浓度小于 40% 时，最远火焰传播距离接近；当浓度为 40%～80% 时，最远火焰传播距离有所减小；当浓度大于 80% 时，最远火焰传播距离显著减小。随着 $NH_4H_2PO_4$ 粉体浓度增加，铝合金粉尘云分散作用增强，因此间接增长了火焰发展时间。随着 $NH_4H_2PO_4$ 粉体浓度进一步增加，分散效应进一步增强，此时，铝合金粉末间距增大、热传导和热辐射率作用降低，铝合金粉末燃烧率也相应降低。

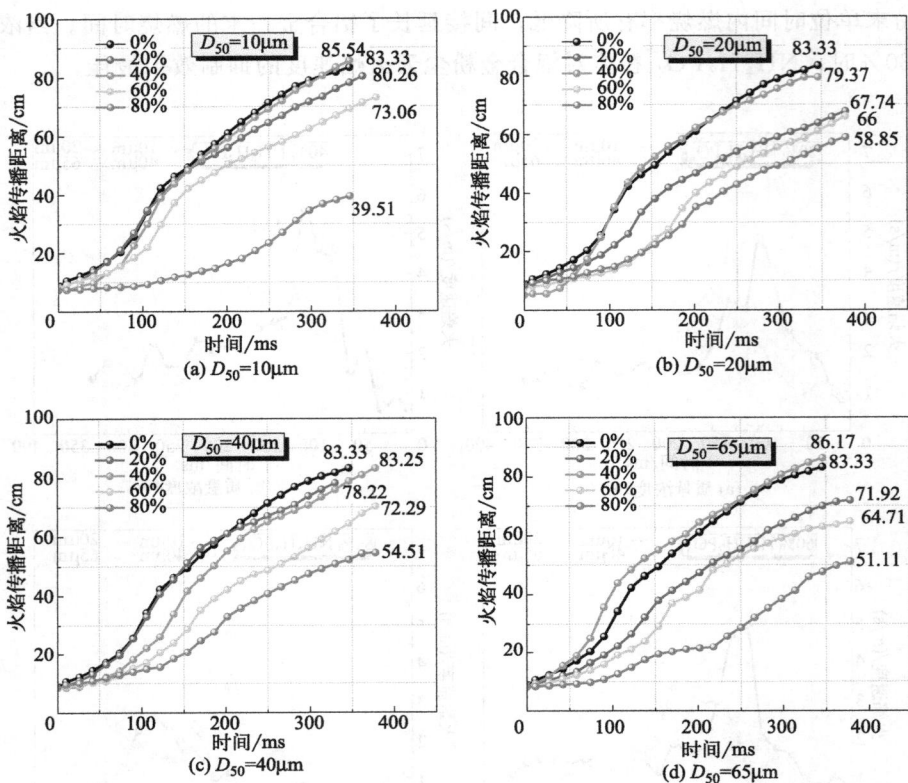

图 5-32　$NH_4H_2PO_4$ 粉体抑制作用下的火焰传播距离

在不同粒径的 $NH_4H_2PO_4$ 粉体的抑制作用下的铝合金粉尘云火焰速度如图 5-33 所示。结果表明，火焰速度随时间的变化先升高后降低。当 $NH_4H_2PO_4$ 粉体浓度在 0%～60% 时，最大火焰速度均在 100～150ms 内出现；当浓度达到 80% 时，最大火焰速度出现在 200ms 之后，并且显著降低。此时，$NH_4H_2PO_4$ 粉体的抑制作用增强，铝合金粉末火焰出现剧烈燃烧的时刻滞后，最大火焰速度相应降低。

铝合金粉末在不同浓度的 $NH_4H_2PO_4$ 粉末的抑制作用下的平均火焰速度如图 5-34 所示。此处，将平均火焰速度定义为火焰最远传播距离与传播时间的比值。结果表明，随着抑制剂浓度的增加，平均火焰速度先升高后降低。当 $NH_4H_2PO_4$ 粉体浓度达 40% 时，铝合金粉末的平均火焰速度最大；而当浓度达 80% 时，平均火焰速率则最小。这表明当 $NH_4H_2PO_4$ 粉体浓度达 80% 时，分散效应过大，铝合金粉末间无法形成持续的链式反应，火焰传播受阻，导致平均火焰速度最小。

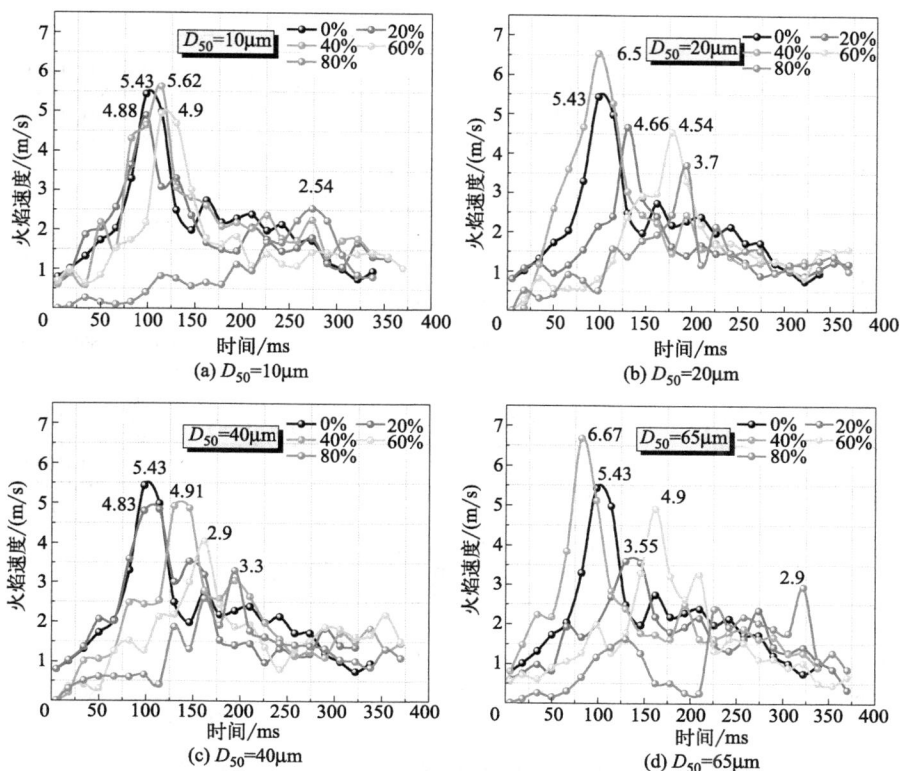

**图 5-33** $NH_4H_2PO_4$ 粉末抑制作用下的火焰速度

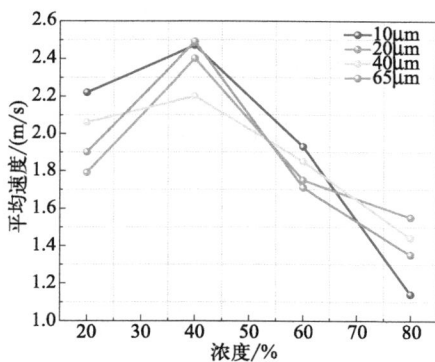

**图 5-34** 在不同浓度的 $NH_4H_2PO_4$ 粉末的抑制作用下的铝合金粉末平均火焰速度

### 5.3.3　$NH_4H_2PO_4$ 粉末浓度和粒径对爆炸特性的影响

$NH_4H_2PO_4$ 粉末对铝合金粉末爆炸超压的抑制作用如图 5-35 所示。

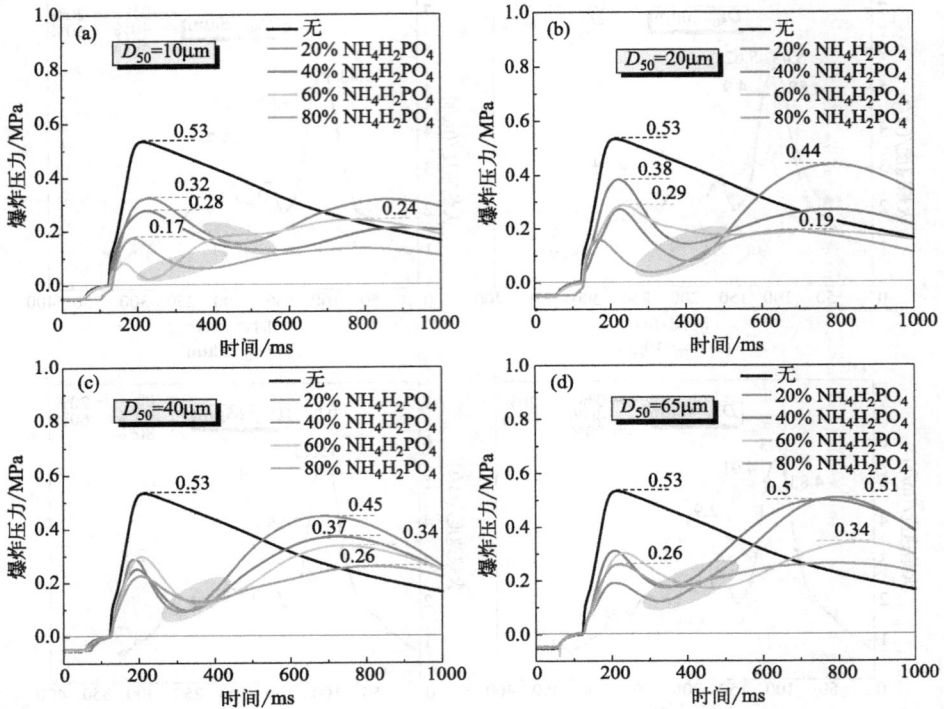

**图 5-35 NH₄H₂PO₄ 抑制作用下铝合金粉尘云的爆炸压力**

由图 5-35 可知，$NH_4H_2PO_4$ 抑制作用下的铝合金粉末爆炸发展具有两个阶段。第一阶段，爆炸压力在极短时间内迅速增高，接着迅速降低，压力峰周期大约 100ms；第二阶段，爆炸压力相对缓慢增长，而后降低，压力峰周期大约 600ms。由于加入 $NH_4H_2PO_4$ 粉体，铝合金粉末爆炸受到一定程度的影响，而后抑制作用减弱，爆炸压力再次增长。铝合金粉末压力峰表现出双峰结构，$NH_4H_2PO_4$ 粉体的抑制作用主要体现在降低第一个压力峰值，失效时间大约在爆炸后的 200ms 内。此外，低粒径、高浓度的 $NH_4H_2PO_4$ 粉体的抑制作用较明显，爆炸压力基本在第一个压力峰达到最大值，表明此条件的 $NH_4H_2PO_4$ 粉体的抑制作用显著。当 $NH_4H_2PO_4$ 粉体的粒径增大，爆炸压力的最大值基本上出现在第二压力峰。结果表明，较大粒径的 $NH_4H_2PO_4$ 粉体的抑制作用降低，具体表现为，第一压力峰有所降低后第二压力峰逐渐回升，最终峰值超越第一个压力峰。就结果而言，使用小粒径和高浓度的 $NH_4H_2PO_4$ 粉体抑制铝合金粉尘云爆炸效果更佳。

在不同浓度和粒径的 $NH_4H_2PO_4$ 粉体的抑制作用下的铝合金粉末的最大爆炸压力如图 5-36 所示。最大爆炸压力与 $NH_4H_2PO_4$ 粉体的浓度成反比、与粒径成正

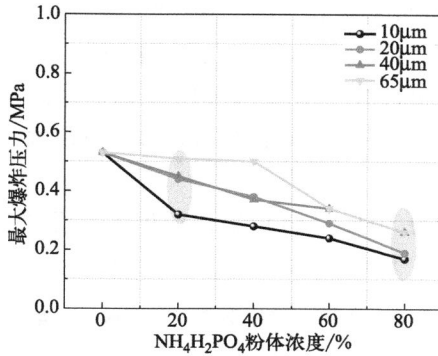

**图 5-36   $NH_4H_2PO_4$ 抑制作用下铝合金粉尘云爆炸压力峰值**

比。当 $NH_4H_2PO_4$ 粉体的浓度为 20％时，粒径为 $10\mu m$ 的粉体的最大爆炸压力降幅最大，在相同浓度下抑制作用最强。当 $NH_4H_2PO_4$ 粉体的浓度为 80％时，铝合金粉尘云的最大爆炸压力降幅明显，且 $NH_4H_2PO_4$ 粉体的粒径为 $10\mu m$ 和 $20\mu m$ 时，铝合金粉尘云的最大爆炸压力均低于 0.2MPa。结果表明，$NH_4H_2PO_4$ 粉体的粒径越小，浓度越高，抑制作用越显著。

为了更清晰地展示 $NH_4H_2PO_4$ 粉体对铝合金粉末爆炸压力的抑制作用，定义抑爆率为：受抑制作用的混合粉尘爆炸压力峰值占铝合金粉末爆炸压力峰值的百分率，即

$$r = \frac{P_0 - P_i}{P_0} \times 100\% \qquad (5\text{-}3)$$

式中   $r$——抑爆率；

$P_i$——受抑制作用的混合粉尘爆炸压力峰值；

$P_0$——增材制造用铝合金粉末的爆炸压力峰值。

不同工况的 $NH_4H_2PO_4$ 粉体对铝合金粉末爆炸压力的抑爆率如图 5-37 所示。显然，抑爆率与 $NH_4H_2PO_4$ 粉体的浓度成正比，与粒径成反比。当

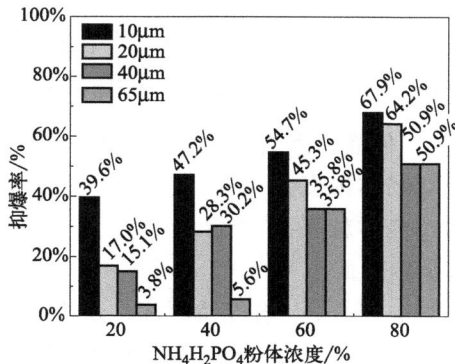

**图 5-37   不同工况的 $NH_4H_2PO_4$ 粉体对铝合金粉末的抑爆率**

$NH_4H_2PO_4$ 粉体浓度为 20%、粒径为 $10\mu m$ 时，抑爆率接近 40%，在其余粒径工况下，抑爆率均低于 20%。当 $NH_4H_2PO_4$ 粉体浓度为 80% 时，在四种粒径工况条件下的抑爆率均超过 50%。结果表明，为了降低铝合金粉末爆炸事故的影响，采用 $NH_4H_2PO_4$ 粉体抑制铝合金粉末爆炸时应选择浓度大于 80%、粒径小于 $20\mu m$ 的工况。

在不同浓度和粒径的 $NH_4H_2PO_4$ 粉体作用下，得到 $NH_4H_2PO_4$/铝合金粉末最大火焰传播距离和最大火焰速度分别如表 5-9、表 5-10 所示。

表 5-9　在 $NH_4H_2PO_4$ 粉体抑制作用下最大火焰传播距离

| 最大火焰传播<br>距离/cm | | 浓度 | | | |
|---|---|---|---|---|---|
| | | 20% | 40% | 60% | 80% |
| $D_{50}/\mu m$ | 10 | 80.26 | 85.54 | 73.06 | 39.51 |
| | 20 | 67.74 | 79.37 | 66.01 | 58.85 |
| | 40 | 78.22 | 83.25 | 70.29 | 54.51 |
| | 65 | 71.92 | 86.17 | 64.71 | 51.11 |

表 5-10　在 $NH_4H_2PO_4$ 粉体抑制作用下最大火焰速度

| 最大火焰速度/(m/s) | | 浓度 | | | |
|---|---|---|---|---|---|
| | | 20% | 40% | 60% | 80% |
| $D_{50}/\mu m$ | 10 | 4.88 | 5.62 | 4.93 | 2.54 |
| | 20 | 4.66 | 6.52 | 4.54 | 3.7 |
| | 40 | 4.83 | 4.91 | 4.05 | 3.29 |
| | 65 | 3.6 | 6.6 | 4.9 | 2.9 |

基于以上实验数据，对最大火焰传播距离和最大火焰速度进行拟合，得到了 $NH_4H_2PO_4$/铝合金粉末最大火焰传播距离、最大火焰速度与 $NH_4H_2PO_4$ 粉体浓度和粒径的函数关系，可表示为

$$Z=\frac{z_0+A_{01}x+B_{01}y+B_{02}y^2+B_{03}y^3}{1+A_1x+A_2x^2+A_3x^3+B_1y+B_2y^2} \qquad (5\text{-}4)$$

式中　$Z$——粉尘最大火焰传播距离或最大火焰速度；

　　　$x$——$NH_4H_2PO_4$ 粉体浓度；

　　　$y$——$NH_4H_2PO_4$ 粉体粒径；

其余参数为模型拟合参数。

$NH_4H_2PO_4$/铝合金粉末最大火焰传播距离、最大火焰速度与 $NH_4H_2PO_4$ 粉体浓度、粒径的关系式分别为式（5-5）、式（5-6），可得到拟合曲面如图 5-38、图 5-39 所示。

$$Z = \frac{-7.42 + 2.46x + 31.55y - 0.17y^2 - 0.004y^3}{1 - 0.13x + 0.002x^2 + 0.59y - 0.008y^2} \tag{5-5}$$

$$Z = \frac{1.53 + 0.14y - 0.004y^2 + 2.6e(-5)y^3}{1 - 0.04x + 0.013y - 1.9e(-4)y^2} \tag{5-6}$$

$NH_4H_2PO_4$ 粉体浓度和粒径耦合抑制作用下的铝合金粉尘云最大火焰传播距离如图 5-38 所示。

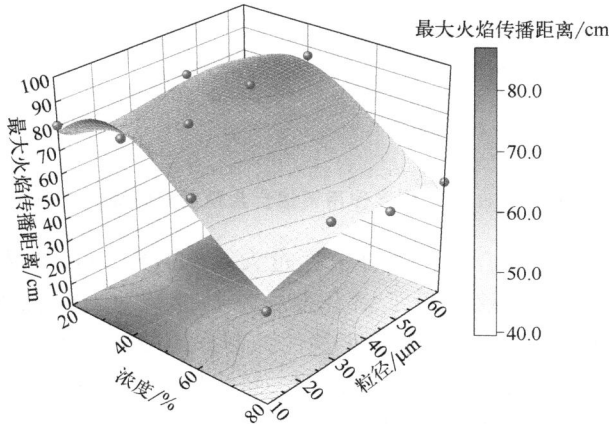

图 5-38　$NH_4H_2PO_4$ 抑制作用下铝合金粉尘云的最大火焰传播距离

由图 5-38 可知，铝合金粉尘云最大火焰传播距离呈现先增大后减小的趋势。$NH_4H_2PO_4$ 粉体浓度达 40％时的最大火焰传播距离相对较大，而浓度为 80％时的最大火焰传播距离相对较小。粒径分别为 10μm、20μm、40μm、65μm 时，火焰沿管道的垂直最大距离分别为 85.54cm、79.37cm、83.25cm、86.17cm，其中粒径为 20μm 时火焰传播距离最小，而粒径为 65μm 时火焰传播距离最大。当 $NH_4H_2PO_4$ 粉体浓度为 80％时，四种粒径对应的最大火焰传播距离分别为 39.51cm、58.85cm、54.51cm、51.11cm。由此可知，在相同浓度、不同粒径的抑制剂作用下，铝合金粉末的最大火焰传播距离变化较小；而在相同粒径、不同浓度的抑制剂作用下，最大火焰传播距离变化显著。这表明 $NH_4H_2PO_4$ 粉体浓度对铝合金粉末的最大火焰传播距离的影响比粒径的影响更显著。

$NH_4H_2PO_4$ 粉体浓度和粒径耦合抑制作用下的铝合金粉尘云最大火焰速度如图 5-39 所示。

由图 5-39 可知，当浓度为 40％时，最大火焰速度相对更大；而当浓度为 80％时，最大火焰速度相对更小，为 2.54m/s。综合可知，在 $NH_4H_2PO_4$ 粉体浓度为 80％、粒径为 10μm 时，火焰传播速度更小，抑制作用最强；而在浓度为 40％、粒径为 65μm 时，火焰速度最大，抑制作用更弱。当 $NH_4H_2PO_4$ 粉体

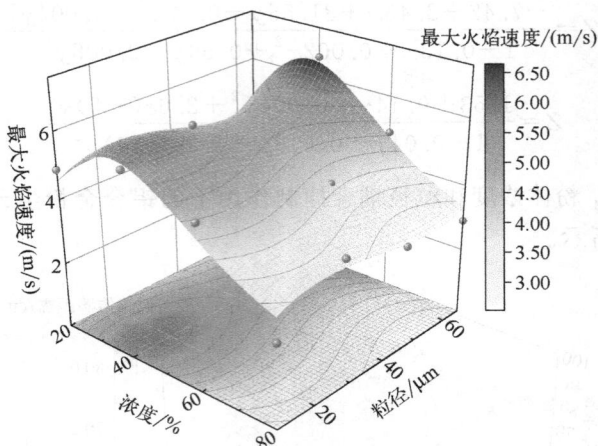

**图 5-39   $NH_4H_2PO_4$ 抑制作用下铝合金粉尘云的最大火焰速度**

在高浓度时（80%），铝合金粉末分散性过大，$NH_4H_2PO_4$ 粉体作用在铝合金粉末表面吸收热能，有效延长了铝合金粉末的燃烧过程。然而在低浓度时，$NH_4H_2PO_4$ 粉体对铝合金粉末燃烧火焰的抑制作用较弱。由于少量的抑制剂在一定程度上降低了铝合金颗粒的燃烧速率，间接延长了其燃烧时间，抑制作用不明显。因此，对于 $NH_4H_2PO_4$/铝合金粉尘体系，$NH_4H_2PO_4$ 粉体浓度越高、粒径越小，其抑制效果越显著。

为了深入研究 $NH_4H_2PO_4$ 粉体对铝合金粉末的抑制过程，借助场发射扫描电子显微镜（Nova Nano SEM 450 Talos F200x）观察了 $NH_4H_2PO_4$ 粉体、铝合金粉末的微观形貌，借助同步热分析仪（STA 449 F3）探究了其热分解特性。图 5-40 显示了反应物和燃烧产物的扫描电镜图，铝合金粉末分布均匀、呈现规则的球体，没有团聚或黏附现象，不受静电或磁力的影响。图 5-40（c）为 $NH_4H_2PO_4$/铝合金粉末燃烧产物的微观形态图，$NH_4H_2PO_4$ 粉体受热分解的产物接近圆形与原来碎片状形貌差别较大，少量 $NH_4H_2PO_4$ 粉体分解产物附着于铝合金粉末表面。

铝合金粉末和 $NH_4H_2PO_4$ 粉体在空气气氛下，以 20℃/min 的速率分别加热到 1200℃、1000℃，对其进行热重分析（TG）、差示扫描量热分析（DSC）、差热重分析（DTG），如图 5-41 所示。铝合金粉末在 563.2℃ 开始发生熔化、吸收热量，产生液态氧化铝薄膜；当温度达到 818.2℃，氧化铝薄膜破裂，此刻铝颗粒内芯暴露，剧烈燃烧，释放大量热量。然而 $NH_4H_2PO_4$ 粉体发生相变的起始温度为 156.7℃，至 317.9℃ 结束。显然，$NH_4H_2PO_4$ 粉体相变的起始-终止温度低于铝合金粉末的相变起始温度，说明在铝合金粉末燃烧周期内，$NH_4H_2PO_4$ 粉体能够较好地吸收燃烧体系内的热量。然而，铝合金粉末 DSC 曲

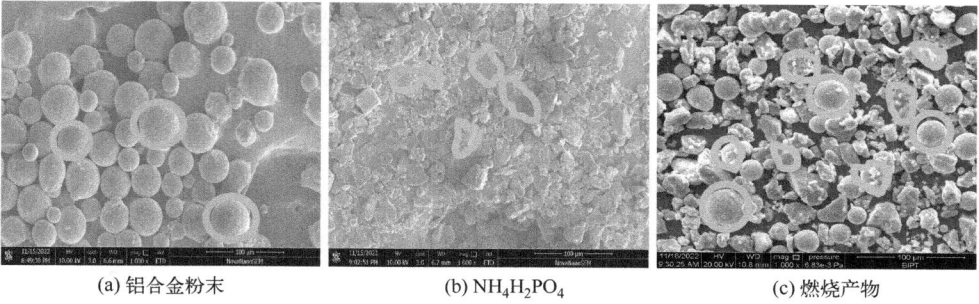

(a) 铝合金粉末　　　　　　　(b) NH₄H₂PO₄　　　　　　　(c) 燃烧产物

**图 5-40　反应物和燃烧产物扫描电镜（SEM）图**

线的积分域明显大于 $NH_4H_2PO_4$ 粉体的积分域，即单位质量的铝合金粉末释放的热量大于 $NH_4H_2PO_4$ 吸收的热能。

由图 5-41 的 TG 曲线可知，铝合金粉末从 500℃质量开始缓慢增加，温度达到 1200℃，质量增加了 8.6%；而 $NH_4H_2PO_4$ 粉体的 TG 曲线呈下降趋势，质量损失达 53.8%。铝合金粉末在缓慢加热过程中，吸收空气中的氧气，发生氧化反应，质量增加；而 $NH_4H_2PO_4$ 粉体在加热过程中受热分解，发生分解反应，质量减小。DTG 曲线反映了质量变化速率，铝合金粉末的 DTG 曲线只出现单峰，而 $NH_4H_2PO_4$ 粉体出现了双峰。这表明，铝合金粉末质量变化主要经历了 A-A（铝合金粉末）$+O_2 \xrightarrow{500\sim1100℃} MO$（氧化物）；而 $NH_4H_2PO_4$ 粉体主要经历了两步反应：① $NH_4H_2PO_4 \xrightarrow{150\sim300℃} NH_3 + H_3PO_4$；② $2H_3PO_4 \xrightarrow{480\sim720℃} P_2O_5 + 3H_2O$。然而在 $NH_4H_2PO_4$ 粉体抑制铝合金粉末爆炸火焰过

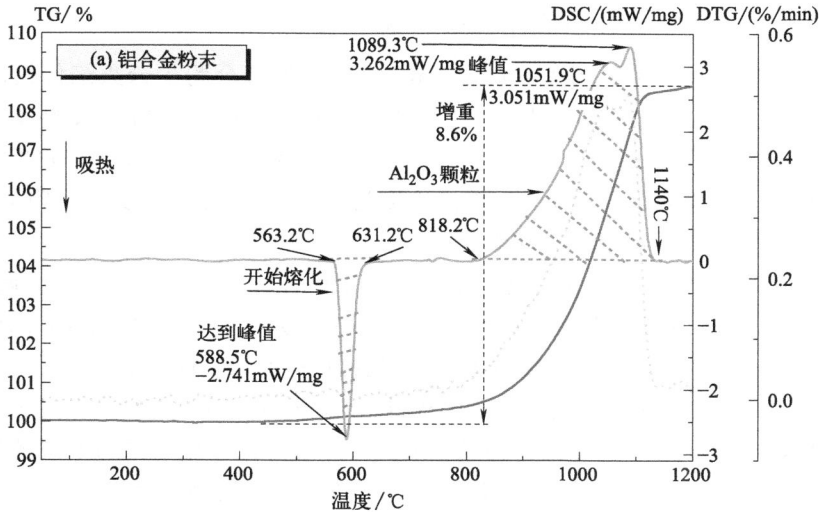

**图 5-41**

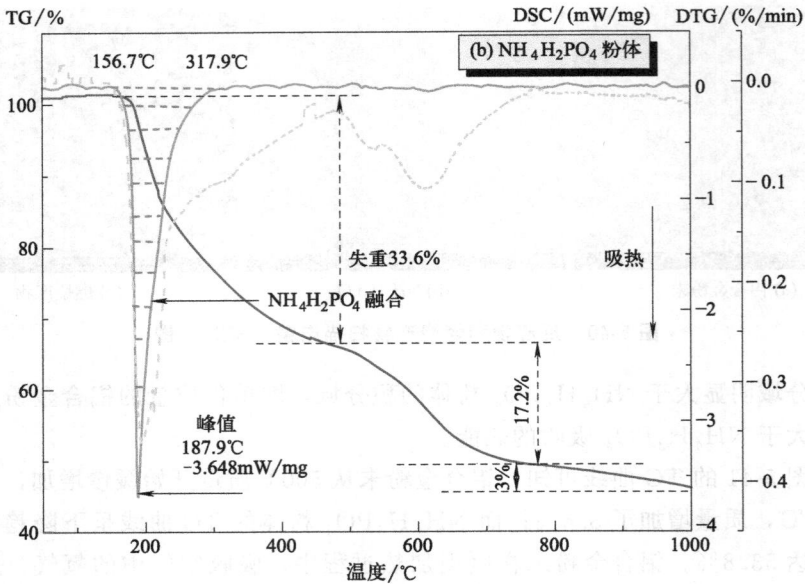

图 5-41　热分解曲线

程中，$NH_4H_2PO_4$ 粉体受热不均匀，使其化学吸热能力不能达到理想状态。因此，在实际抑爆中，所需的 $NH_4H_2PO_4$ 粉体浓度更大。

## 5.4　NaCl 粉体对典型增材制造用金属粉尘爆炸的抑制研究

### 5.4.1　NaCl 粉体浓度对火焰传播的影响

掺混不同浓度且粒径为 $10\mu m$ 的 NaCl 粉体后铝合金粉尘云火焰传播图像如图 5-42 所示。NaCl 粉体的浓度从 $20\%$ 增大到 $80\%$，铝合金粉尘云的最大火焰传播距离分别为 0.83m、0.78m、0.7m、0.63m，结果表明，增大 NaCl 粉体含量，火焰传播高度降低。当 NaCl 粉体浓度为 $80\%$ 时，火焰亮度整体明显变暗，且火焰发展时间出现明显滞后现象。

分析认为，当 NaCl 粉体浓度较低时，由于铝合金粉末具有较高着火敏感性，低含量的氯化钠粉体抑制作用有限，所以图 5-42（a）、（b）的火焰亮度和高度差距较小。随着 NaCl 粉体浓度增加到 $80\%$，氯化钠粉体的抑制作用增强，在形成的混合粉尘云中，NaCl 粉体发挥增大铝合金颗粒分散性的作用。此外，在火焰传播过程中，NaCl 粉体能够吸附在铝合金颗粒表面，进而降低可燃物质与氧气的接触面积。高浓度的 NaCl 粉体一方面可以在铝合金颗粒表面形成隔离层，另一方面能够吸收铝合金颗粒的能量和减少铝合金颗粒之间的传递的热能。

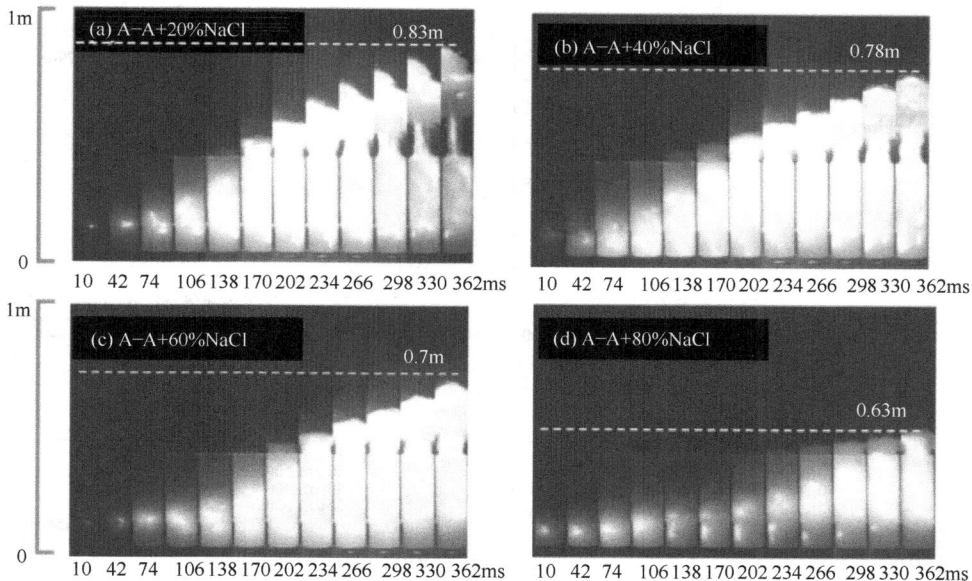

图 5-42　不同浓度 NaCl 粉体抑制作用下铝合金粉尘云火焰传播图像

　　不同浓度 NaCl 粉体抑制下铝合金粉尘云在相同时刻的火焰传播距离如图 5-43 所示。当浓度为 20％ 时，掺混四种粒径的 NaCl 粉体在相同时刻的火焰传播距离基本接近，最大传播距离为 0.86m 左右，表明低浓度的 NaCl 粉体对火焰传播距离的影响较小。由于 NaCl 粉体含量较低，其吸热和隔热效应降低；而铝合金粉末具有高着火活性，一旦被引燃会发生剧烈燃烧并释放大量热能。因此，低浓度的 NaCl 粉体抑制作用较小。由图 5-43 (a)～(c) 可知，在低浓度下改变 NaCl 粉体的粒径，最大火焰传播距离基本接近。

　　由图 5-43 (d) 可知，当 NaCl 浓度增大到 80％ 时，相同时刻的火焰传播距离出现差异。其中粒径为 $10\mu m$、$40\mu m$、$65\mu m$ 时，最大火焰传播距离均接近 0.654m；粒径为 $20\mu m$ 时，最大火焰传播距离显著减小为 0.465m。结果表明，当 NaCl 粉体浓度为 80％，粒径在 $20\mu m$ 左右时的抑制作用更佳。分析认为，此粒径条件下的分散作用更强，铝合金粉末燃烧温度更低。粒径小于 $20\mu m$ 的氯化钠颗粒容易团聚形成相对更大的颗粒。因此，粒径 $20\mu m$ 的 NaCl 颗粒相对较小，具有更好的抑制作用。

　　不同浓度 NaCl 粉体抑制作用下的火焰速度如图 5-44 所示。随着火焰发展，NaCl 粉体抑制下的铝合金粉末火焰速度先增加后减小，火焰速度峰值见表 5-11。当 NaCl 粉体为低浓度时 (20％)，四种粒径的 NaCl 粉体抑制作用下的相同时刻的火焰速度趋势一致，$10\mu m$、$20\mu m$、$40\mu m$、$65\mu m$ 粒径对应的最大火焰速度分

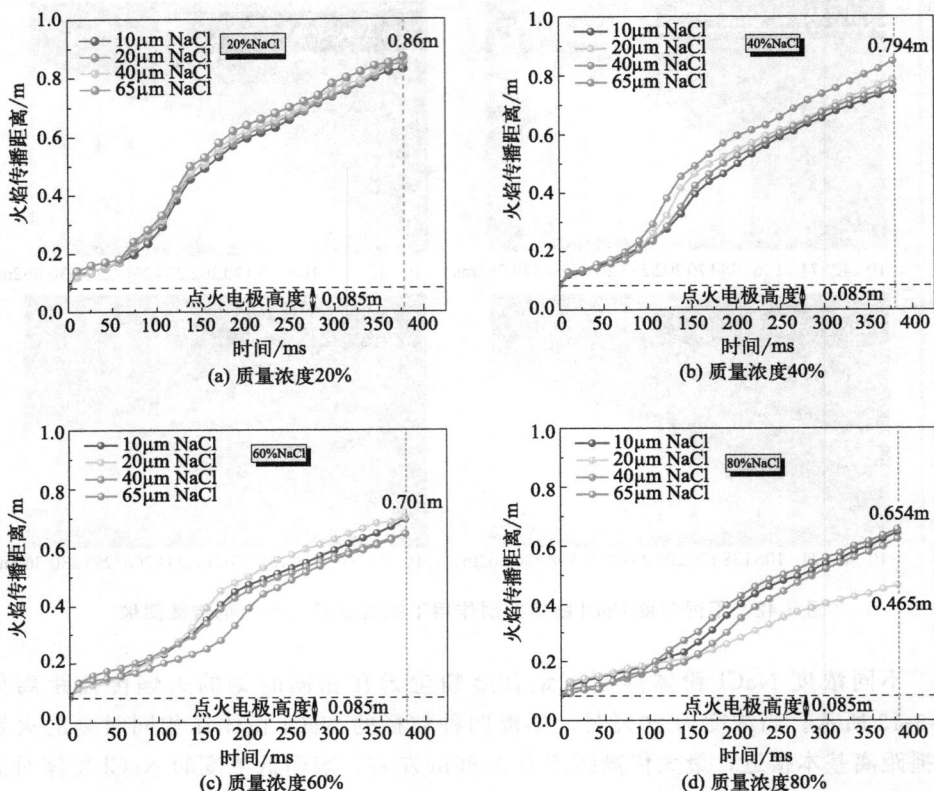

图 5-43　不同浓度 NaCl 粉体抑制作用下火焰传播距离

别为 4.6m/s、5.6m/s、5.8m/s、6.1m/s。随着 NaCl 粉体粒径的减小，铝合金粉末火焰速度减小。此外，NaCl 粉体浓度和粒径与火焰速度的关系均是成正比。由此可见，当 NaCl 粉体浓度一定时，减小 NaCl 粉体粒径可以降低火焰速度，有助于增强其抑制能力。

由图 5-44（d）可知，当 NaCl 粉体浓度为 80% 时，10μm、20μm、40μm、65μm 粒径对应的最大火焰速度分别为 2.81m/s、3.11m/s、3.26m/s、3.27m/s。显然，相比于 NaCl 粉体浓度为 20% 时，该浓度下火焰速度明显降低。结果表明，铝合金粉末的最大火焰速度与 NaCl 粉体浓度成反比。分析认为，增大 NaCl 粉体浓度可以在铝合金颗粒表面更轻易地形成隔热膜，使其减少与周围氧气的接触，从而限制铝合金颗粒的燃烧速率，进而降低火焰速度。此外，高浓度的 NaCl 粉体可以更高效地吸收铝合金颗粒燃烧释放的热量，进而减缓燃烧速率，从而降低火焰速度。

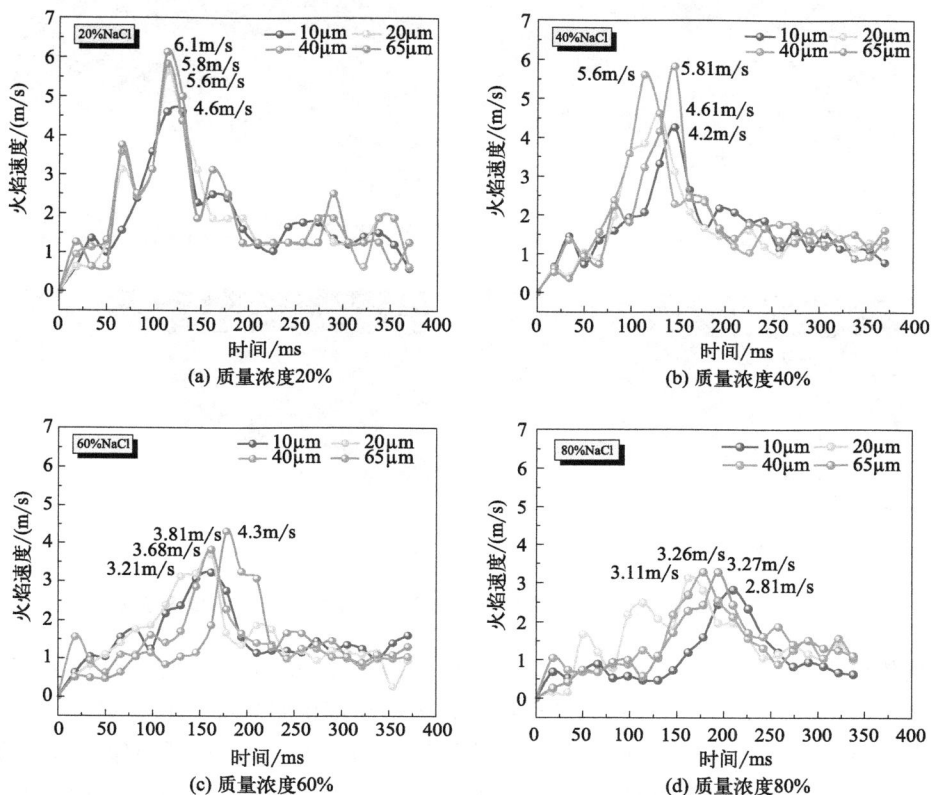

图 5-44    不同浓度 NaCl 粉体抑制作用下火焰速度

表 5-11    NaCl 粉体抑制作用下最大火焰速度          单位：m/s

| 浓度 | 20% | 40% | 60% | 80% |
|------|------|------|------|------|
| 10μm | 4.6 | 4.2 | 3.21 | 2.81 |
| 20μm | 5.6 | 4.61 | 3.68 | 3.11 |
| 40μm | 5.8 | 5.6 | 3.81 | 3.26 |
| 65μm | 6.1 | 5.81 | 4.3 | 3.27 |

## 5.4.2    NaCl 粉体粒径对火焰传播的影响

由 5.4.1 节分析结果可知，当 NaCl 粉体浓度为 80% 时对铝合金粉末的抑制作用较强。因此，研究了掺混 80% 浓度下不同粒径 NaCl 粉体的火焰传播行为特征，如图 5-45 所示。

由图 5-45 可知，NaCl 粉体粒径为 $10\mu m$、$20\mu m$、$40\mu m$、$65\mu m$ 对应的最大

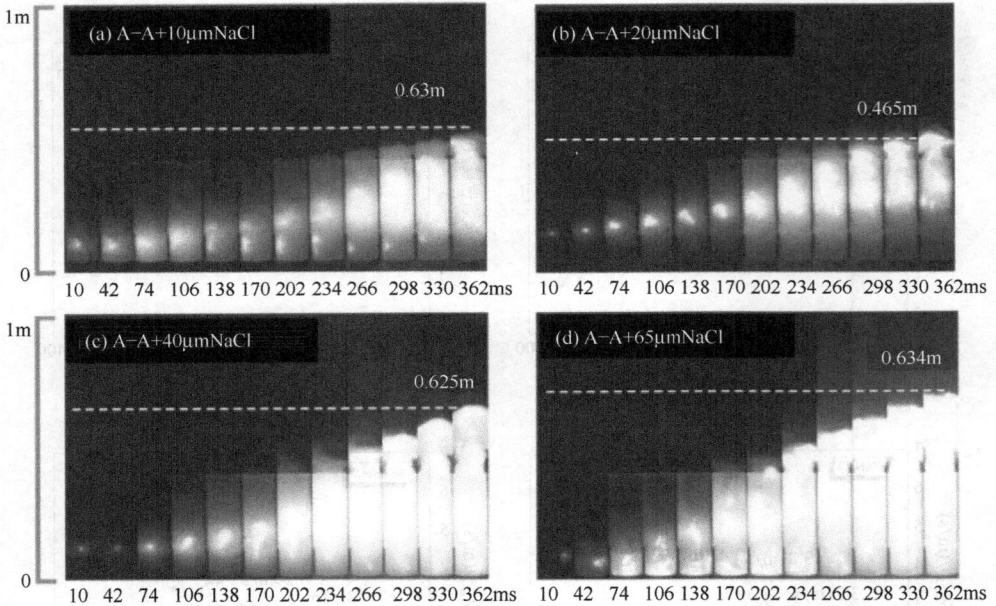

图 5-45　不同粒径 NaCl 粉体抑制作用下铝合金粉尘云火焰传播图像

火焰传播距离分别为 0.63m、0.465m、0.625m、0.634m，最大火焰传播距离先减小后增大。随着 NaCl 粉体粒径增大，火焰亮度由暗转亮，且火焰发展时刻先滞后再提前。从图 5-45（b）可知，粒径为 $20\mu m$ 时，火焰传播图像整体更暗、火焰发展更缓慢。结果表明，在 NaCl 粉体粒径为 $20\mu m$、浓度为 80% 时，此条件下的抑制作用最强。当 NaCl 粉体粒径增大到 $65\mu m$ 时，铝合金粉尘云火焰明亮且饱满、火焰发展时间提前，在相同时刻下的火焰传播距离最大。结果表明，增大 NaCl 粉体粒径，其抑制作用减弱。随着粒径增大，相同质量的 NaCl 粉体比表面积减小，更难形成盐层以实现吸热和隔热作用。

　　不同粒径 NaCl 粉体抑制作用下的铝合金粉尘云在相同时刻的火焰传播距离如图 5-46 所示。当 NaCl 粉体粒径为 $10\mu m$ 时，掺混 40%、60%、80% 浓度 NaCl 粉体对应的铝合金粉尘云最大火焰传播距离分别为 0.778m、0.701m、0.63m；当 NaCl 粉体粒径为 $20\mu m$ 时，掺混不同浓度 NaCl 粉体对应的铝合金粉尘云最大火焰传播距离分别为 0.744m、0.644m、0.465m；当 NaCl 粉体粒径为 $40\mu m$ 时，掺混不同浓度 NaCl 粉体对应的铝合金粉尘云最大火焰传播距离分别为 0.794m、0.656m、0.625m；当 NaCl 粉体粒径为 $65\mu m$ 时，掺混不同浓度 NaCl 粉体对应的铝合金粉尘云最大火焰传播距离分别为 0.804m、0.634m、0.626m。结果表明，相同粒径下，火焰传播距离与掺混 NaCl 粉体的浓度成反比；相同浓度下，随 NaCl 粉体粒径的增大，火焰传播距离先减后增。

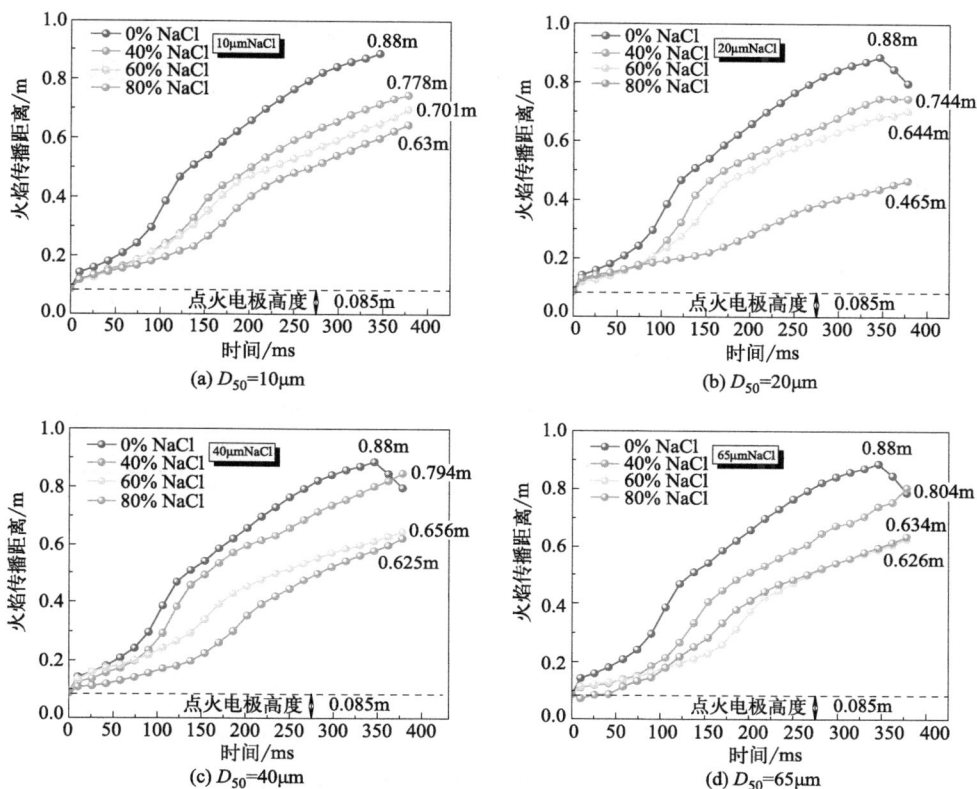

**图 5-46　不同粒径 NaCl 粉体抑制作用下火焰传播距离**

　　分析认为，增大 NaCl 粉体浓度能够更好地形成隔热层覆盖于铝合金颗粒表面，减小铝合金颗粒与氧气的接触面积，进而降低其燃烧速率。此外，高浓度惰性粉体可以增大铝合金粉末的分散性，降低混合粉末的活性，形成难燃混合粉尘云，降低可燃物质之间的热能传递。降低 NaCl 粉体粒径可以增大其比表面积，在铝合金颗粒传热过程中，能够更好地吸收热量，减小火焰传播距离。

　　NaCl 粉体抑制作用下的铝合金粉尘云火焰速度如图 5-47 所示。当 NaCl 粉体粒径为 10μm 时，掺混 40%、60%、80%浓度的 NaCl 粉体对应的铝合金粉尘云最大火焰速度分别为 4.25m/s、3.22m/s、2.81m/s；当 NaCl 粉体粒径为 20μm 时，掺混不同浓度的 NaCl 粉体对应的铝合金粉尘云最大火焰速度分别为 4.87m/s、4.35m/s、3.17m/s；当 NaCl 粉体粒径为 40μm 时，掺混不同浓度的 NaCl 粉体对应的铝合金粉尘云最大火焰速度分别为 5.23m/s、4.46m/s、3.52m/s；当 NaCl 粉体粒径为 65μm 时，掺混不同浓度的 NaCl 粉体对应的铝合金粉尘云最大火焰速度分别为 5.37m/s、4.78m/s、3.98m/s。结果表明，相同 NaCl 粉体粒径时，火焰速度与浓度成反比；相同 NaCl 粉体浓度时，火焰速度

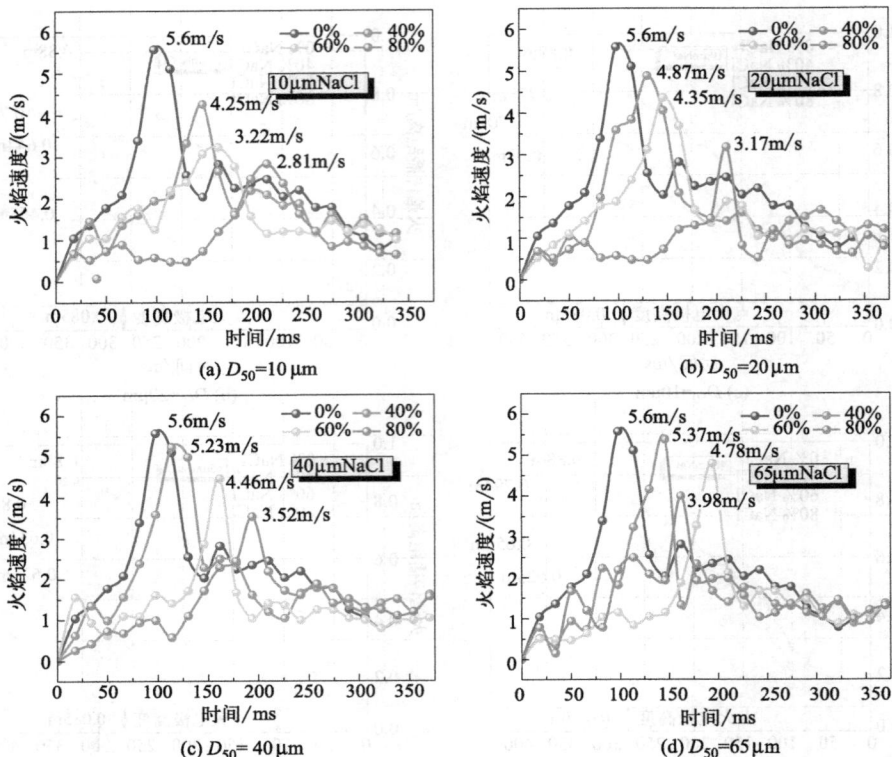

图 5-47 不同粒径 NaCl 粉体抑制作用下火焰速度

与粒径成正比。

分析认为,当掺混 NaCl 粉体的粒径相同时,增大其质量浓度将会增大 NaCl 粉体的附着率,能够更有效地吸收铝合金粉末燃烧释放的热能,进而降低其燃烧速率。因此,铝合金粉尘云的火焰速度与 NaCl 粉体浓度成反比。当掺混 NaCl 粉体的浓度相同时,减小其颗粒尺寸将会提高其反应活性。在燃烧反应中,NaCl 粉体更容易参与铝合金粉末的燃烧过程、吸收热能并减小热传导率。

NaCl 粉体抑制作用下的铝合金粉尘云最大火焰传播距离和最大火焰速度如图 5-48 所示。随着 NaCl 粉体粒径的增大,最大火焰传播距离先减小后增大;随着 NaCl 粉体浓度增大,最大火焰传播距离均减小。最大火焰速度与 NaCl 粉体的粒径成正比,与浓度成反比。结果表明,增大 NaCl 粉体浓度和减小其粒径有助于增强其抑制能力,从而减小铝合金粉尘云的火焰传播距离和火焰速度。

### 5.4.3　NaCl 粉体浓度和粒径对爆炸特性的影响

掺混 10μm,浓度分别为 20%、40%、60%、80% 的 NaCl 粉体的铝合金粉末的爆炸火焰发展进程如图 5-49 所示。随着掺混 NaCl 粉体浓度的增大,铝合金

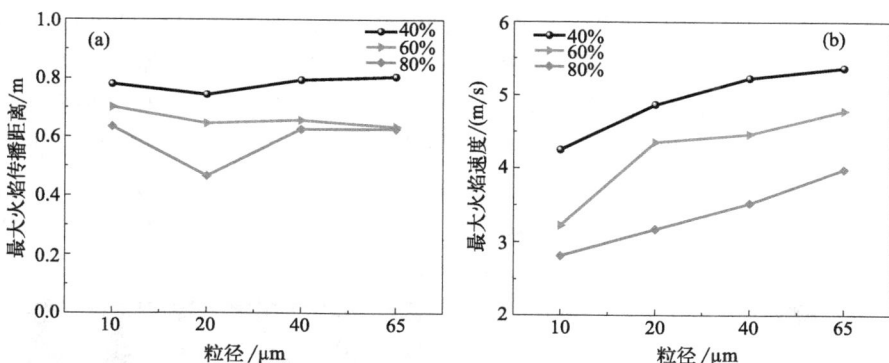

图 5-48　NaCl 粉体抑制作用下最大火焰传播距离（a）和最大火焰速度（b）

粉尘爆炸火焰亮度逐渐变暗，火焰剧烈燃烧时间分别为 160ms、40ms、30ms、20ms，爆炸火焰时间明显缩短。随着 NaCl 粉体浓度的增大，爆炸腔内的未燃铝合金粉末明显增多，当浓度达到 80％时尤其明显。结果表明，相同粒径的 NaCl 粉体，增大其粉尘浓度有助于降低铝合金粉末燃烧率，缩短爆炸火焰发展时间，达到增强抑制作用的目的。细微的 NaCl 粉体在高浓度和高温条件下能够有效形成氧化物薄膜，降低了铝合金粉末与氧气的接触率，减缓了氧化燃烧反应。此外，NaCl 粉体在高温条件下参与燃烧反应，引起局部气体组分变化，进而影响火焰传播特性。所以，增加 NaCl 粉体浓度有助于减缓火焰发展进程，有效减少热量传递。

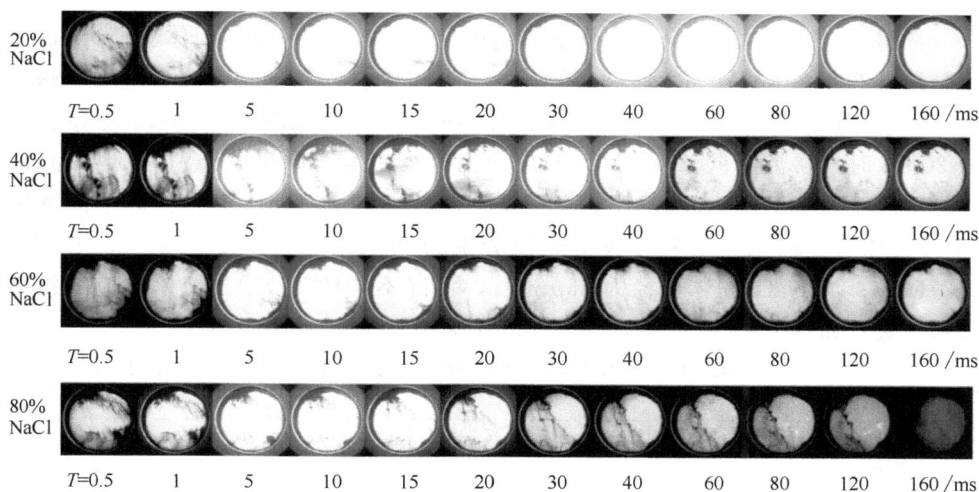

图 5-49　不同浓度 NaCl 粉体抑制作用下铝合金粉末爆炸火焰发展进程

掺混浓度为 80％，粒径分别为 $10\mu m$、$20\mu m$、$40\mu m$、$65\mu m$ 的 NaCl 粉体的铝合金粉末爆炸火焰演化图像如图 5-50 所示。随着 NaCl 粉体粒径增大，铝合金粉末爆炸火焰亮度逐渐升高，火焰剧烈燃烧时间分别为 20ms、30ms、60ms、160ms，爆炸火焰持续燃烧时间显著增强。显然，随着 NaCl 粉体粒径增大，爆炸腔内的未燃铝合金粉末逐渐减少，可燃粉尘燃烧率增加，对爆炸火焰发展影响减小。结果表明，在相同浓度条件下，增大 NaCl 粉体粒径将会降低其抑制作用，导致铝合金粉末的爆炸火焰发展时间延长，爆炸腔内火焰温度升高，爆炸更剧烈。增大 NaCl 粉体颗粒尺寸会减小其比表面积，在容器内的爆炸过程中更难以参与燃烧反应、吸收体系热能，对气体组分和火焰特性的影响较小。

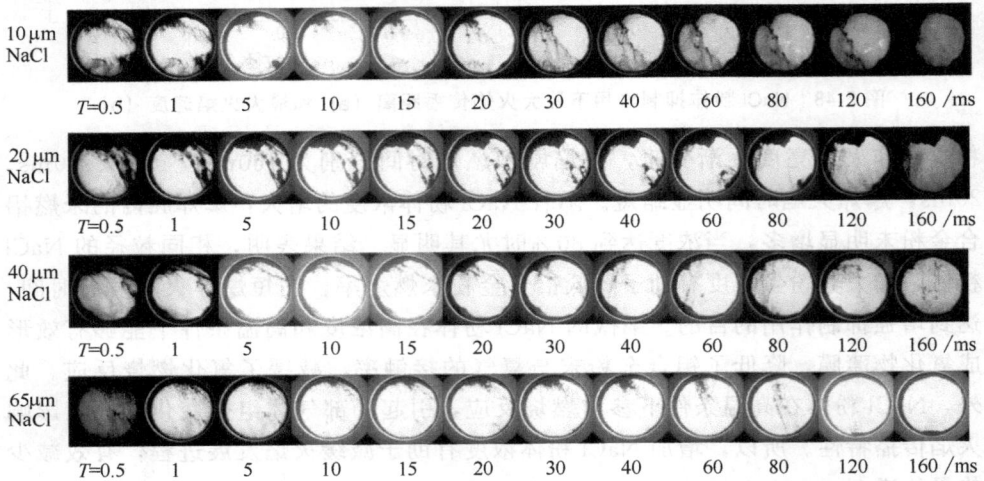

图 5-50　不同粒径 NaCl 粉体抑制作用下铝合金粉末爆炸火焰演化图像

掺混 NaCl 粉体的铝合金粉尘爆炸超压见表 5-12。当 NaCl 粉体粒径为 $10\mu m$ 时，掺混 20%、40%、60%、80%浓度的 NaCl 粉体对应的铝合金粉尘爆炸超压（压力）分别为 0.40MPa、0.27MPa、0.24MPa、0.19MPa；当 NaCl 粉体粒径为 $20\mu m$ 时，掺混不同浓度 NaCl 对应的铝合金粉尘爆炸超压分别为 0.46MPa、0.38MPa、0.33MPa、0.20MPa；当 NaCl 粉体粒径为 $40\mu m$ 时，掺混不同浓度 NaCl 粉体对应的铝合金粉尘爆炸超压分别为 0.50MPa、0.42MPa、0.34MPa、0.27MPa；当 NaCl 粉体粒径为 $65\mu m$ 时，掺混不同浓度 NaCl 粉体对应的铝合金粉尘爆炸超压分别为 0.52MPa、0.50MPa、0.36MPa、0.28MPa。

表 5-12　掺混 NaCl 粉体的铝合金粉尘爆炸超压　　单位：MPa

| 浓度 | 20% | 40% | 60% | 80% |
|---|---|---|---|---|
| 10μm | 0.40 | 0.27 | 0.24 | 0.19 |
| 20μm | 0.46 | 0.38 | 0.33 | 0.20 |
| 40μm | 0.50 | 0.42 | 0.34 | 0.27 |
| 65μm | 0.52 | 0.50 | 0.36 | 0.28 |

NaCl 粉体抑制作用下的铝合金粉末爆炸超压如图 5-51 所示。结果表明，铝合金粉末爆炸超压与 NaCl 粉体浓度成反比，与粒径成正比。铝合金粉末在爆炸

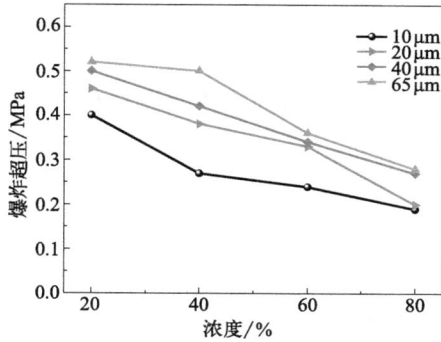

图 5-51　NaCl 粉体抑制作用下铝合金粉尘爆炸超压

腔（容器）内的爆炸过程中，NaCl 粉体受到高温高压影响能够参与氧化反应，提高其浓度可以更高效地吸收爆炸热能，形成致密的氧化物膜覆盖于未燃铝合金颗粒表面，减小这部分颗粒与氧气接触，从而减缓末燃粉末的爆炸速度，起到降低爆炸强度的作用。此外，减小 NaCl 粉体颗粒尺寸能够增大其比表面积，提高化学反应活性，在爆炸过程中细微的 NaCl 粉体颗粒可以更有效地发生氧化反应，吸收体系热量。因此，对铝合金粉末进行抑爆，可以选择微米级惰性粉体并增加其浓度，进而降低可燃粉尘爆炸压力，降低爆炸风险。

铝合金粉末爆炸超压随 NaCl 粉体浓度和粒径的耦合演化趋势如图 5-52 所示。由图可知，在 NaCl 粉体浓度增大、粒径减小的双重因素作用下，爆炸超压逐渐降低。显然，浓度低于 40%且粒径大于 40μm 的 NaCl 粉体构建的区域超压较高，抑制作用较弱；而浓度大于 60%、粒径小于 20μm 的 NaCl 粉体构建的区域超压接近 0.15MPa，可有效发挥抑制能力。结果表明，爆炸超压受到惰性粉

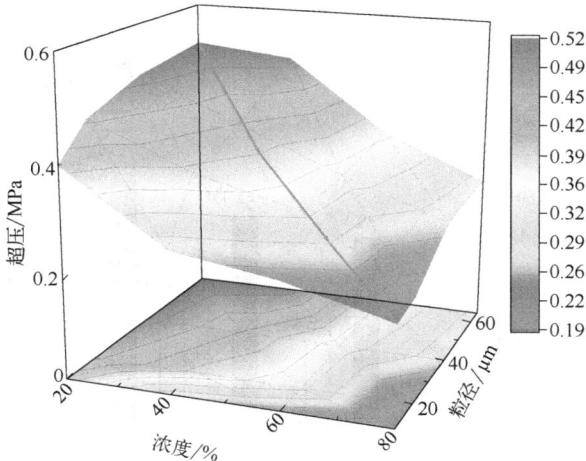

图 5-52　NaCl 粉体抑制作用下爆炸超压耦合演化趋势

体浓度和粒径的双重影响，当 NaCl 粉体浓度大于 80%、粒径小于 20μm 时对铝合金粉末的抑制作用最显著。

此外，构建了爆炸超压关于 NaCl 粉体浓度和粒径的拟合函数，如式（5-7）所示。

$$G = 0.3935 - 0.3149h + 0.0067i - 0.0013hi - 0.0313h^2 - 4.952 \times 10^{-5}i^2$$

$$(5-7)$$

$$R^2 = 0.954$$

式中  $h$——NaCl 粉体浓度；

$i$——NaCl 粉体粒径；

$G$——受到 NaCl 粉体抑爆后的铝合金粉末爆炸压力。

根据式（5-7）计算了不同浓度和粒径的 NaCl 粉体对铝合金粉尘爆炸超压的抑爆率，如图 5-53 所示。浓度为 20%，粒径为 10μm、20μm、40μm、65μm 的 NaCl 粉体对爆炸超压的抑爆率分别为 24.5%、13.2%、5.7%、1.9%；浓度为 40%，粒径为 10μm、20μm、40μm、65μm 的 NaCl 粉体对爆炸超压的抑爆率分别为 49.1%、28.3%、20.8%、5.7%；浓度为 60%，粒径为 10μm、20μm、40μm、65μm 的 NaCl 粉体对爆炸超压的抑爆率分别为 54.7%、37.7%、35.8%、32.1%；浓度为 80%，粒径为 10μm、20μm、40μm、65μm 的 NaCl 粉体对爆炸超压的抑爆率分别为 64.2%、62.3%、49.1%、47.2%。结果表明，随着 NaCl 粉体浓度增大和粒径减小，其抑爆率递增。由于增大 NaCl 粉体的浓度和减小粒径可以提高 NaCl 粉体参与燃烧反应的燃烧率、单位质量吸收更多热能、减小铝合金粉末的燃烧速率。因此，可以提高其抑爆率，从而降低爆炸超压。

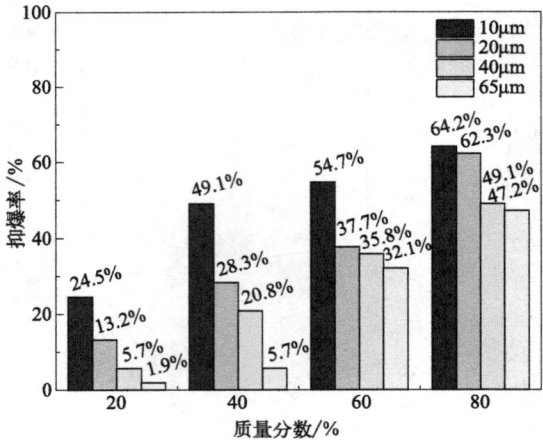

图 5-53　不同工况的 NaCl 粉体对铝合金粉尘爆炸超压的抑爆率

## 5.5 三种典型惰性粉体抑爆性能的对比研究

根据以上获得的三种惰性粉体（$NH_4H_2PO_4$、$NaCl$、$CaCO_3$）抑制增材制造用铝合金粉末（下述简称铝合金粉末）的火焰传播距离、火焰传播速度和爆炸压力等数据，开展了相同条件下三种惰性粉体抑爆性能的对比研究。

### 5.5.1 三种惰性粉体对典型增材制造用金属粉尘火焰传播的抑制对比

#### 5.5.1.1 三种惰性粉体浓度抑制下火焰传播的对比

三种不同浓度的惰性粉体对铝合金粉尘云火焰传播的抑制图像如图 5-54 所示。当浓度分为 40％、60％ 和 80％ 时，火焰距离和火焰形状明显不同。当 $NH_4H_2PO_4$、$NaCl$ 和 $CaCO_3$ 粉体的浓度为 40％ 时，铝合金粉末的火焰传播时间为 74ms，火焰熄灭时间为 362ms。由于惰性粉体的浓度较低，抑制火焰传播

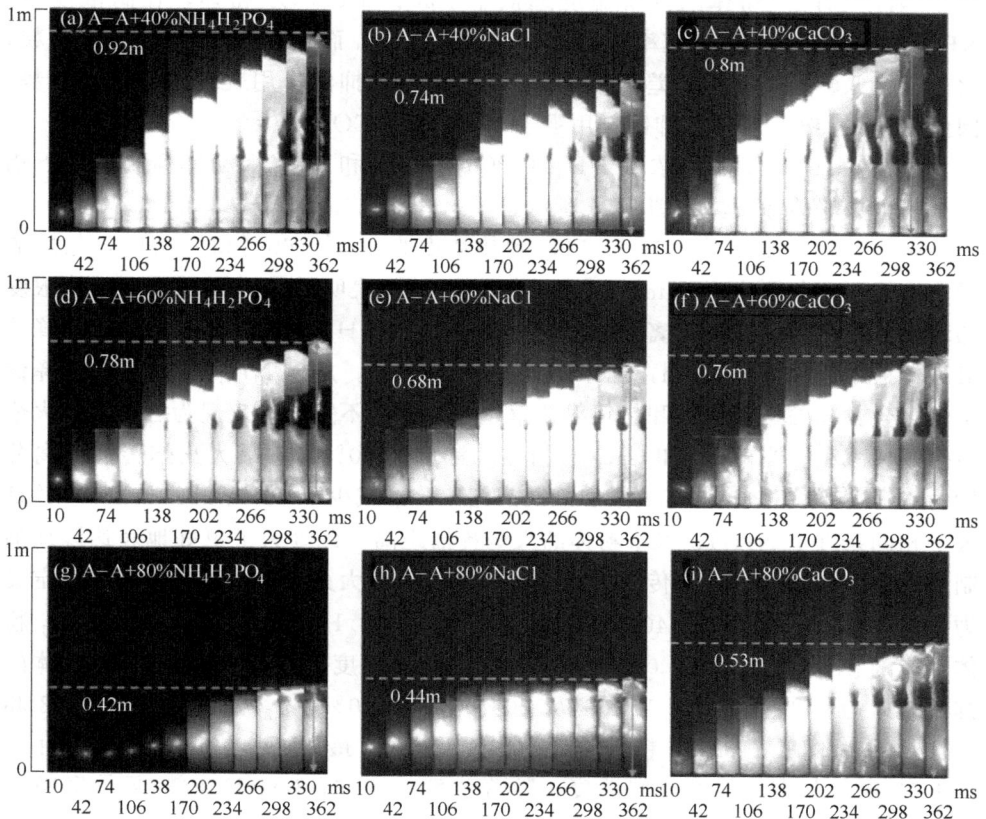

**图 5-54　三种惰性粉体对铝合金粉尘云火焰传播的抑制图像**

的有效颗粒也相应较少，所以在低浓度下铝合金粉末的火焰传播过程和火焰传播时间基本相同，三种惰性粉体的抑制作用较弱。

由图 5-54 可知，当 $NH_4H_2PO_4$、NaCl 和 $CaCO_3$ 粉体的浓度为 40% 时，火焰传播的最亮持续时间基本相同，即 42～266ms。当浓度为 60% 时，图 5-54 (d) 中火焰的熄灭时间为 362ms，$NH_4H_2PO_4$ 粉体的吸热能力提升，降低了铝合金粉末的燃烧速率，缩短了火焰的传播周期，降低了火焰最大传播距离。而图 5-54 (e)、(f) 中的火焰在此期间依然很明亮，表明此浓度的 NaCl 和 $CaCO_3$ 粉体没有明显的抑制作用。在此浓度下，NaCl 和 $CaCO_3$ 粉体对铝合金粉尘云火焰传播的抑制作用不明显。当 $NH_4H_2PO_4$、NaCl 和 $CaCO_3$ 粉体的浓度为 80% 时，图 5-54 (g) 中的火焰传播缓慢、火焰高度显著降低且火焰受到抑制。图 5-54 (h) 中的火焰高度降低，火焰亮度逐渐变暗。与图 5-54 (f) 相比，图 5-54 (i) 中的火焰传播趋势剧烈，火焰传播距离更大，火焰更亮。结果表明，当抑制剂的浓度达到 80% 时，抑制作用从强到弱分别为 $NH_4H_2PO_4$、NaCl、$CaCO_3$。由于 $NH_4H_2PO_4$ 粉体的热解温度远低于 NaCl 和 $CaCO_3$ 粉体，在高浓度下，$NH_4H_2PO_4$ 粉体热分解速率更快、吸热效率更高，而 $CaCO_3$ 粉体是固体颗粒，比热容较低、吸热能力较差，相比于 NaCl 粉体的抑制作用表现出更小的趋势。因此 $NH_4H_2PO_4$ 粉体的抑制作用强于 NaCl 和 $CaCO_3$。

粒径为 $10\mu m$ 的不同浓度 $NH_4H_2PO_4$、NaCl 和 $CaCO_3$ 粉体抑制作用下铝合金粉尘火焰传播距离如图 5-55 所示。

由图 5-55 可知，当 $NH_4H_2PO_4$ 粉体浓度为 40%、60% 和 80% 时，相应的最大火焰距离分别为 0.85m、0.78m 和 0.42 m，表明随着 $NH_4H_2O_4$ 粉体浓度的增加，最大火焰传播距离减小。当加入 80% 的 $NH_4H_2PO_4$ 粉体时，火焰峰的最远传播距离仅为 0.42 m，比未加入时少 49.4%。加入 $NH_4H_2PO_4$ 粉体降低了铝合金颗粒的燃烧速率和热辐射速率，导致燃烧不完全，表现为宏观上的火焰传播距离减小。当 NaCl 和 $CaCO_3$ 粉体的浓度为 80% 时，最大火焰传播距离分别为 0.44m 和 0.53m，与未添加抑制剂相比分别减少了 46.9% 和 36.1%，并且大于相同条件下 $NH_4H_2PO_4$ 粉体的火焰传播距离。此处为了更好地表达添加抑制剂后铝合金粉尘云火焰传播距离的下降率，将最大火焰传播距离的下降率定义为 $k$。当惰性粉体浓度从 40% 增加到 60% 时，$NH_4H_2PO_4$、NaCl 和 $CaCO_3$ 粉体对应的 $k_1$ 分别为 0.7、0.3 和 0.2，表明随着浓度增大，$NH_4H_2PO_4$ 粉体的抑制效果增长得越明显。当浓度从 60% 增加到 80%，$k_2$ 分别为 1.8、1.2 和 1.15，其中 $NH_4H_2PO_4$ 粉体的抑制效果增长最明显。分析认为，由于 $NH_4H_2PO_4$ 具有较低的分解温度，随着浓度的增加，$NH_4H_2PO_4$ 粉体颗粒参与吸热分解的概率增大，吸收的热量更明显，体现为抑制作用的进一步放大。因此，$NH_4H_2PO_4$ 粉体的加入使火焰高度下降最为显著，对火焰传播具有更好的

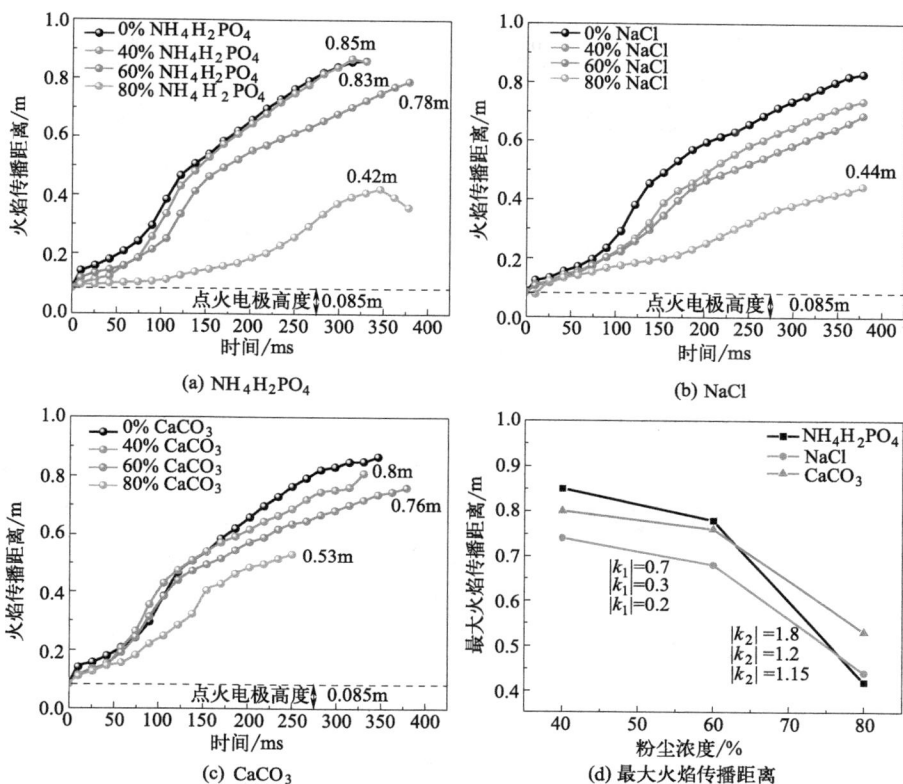

图 5-55　不同浓度惰性粉体抑制作用下铝合金粉末火焰传播距离对比

抑制作用。

　　三种惰性粉体抑制作用下的铝合金粉尘云火焰传播速度如图 5-56 所示。随着惰性粉体浓度增大，铝合金粉尘云最大火焰速度呈下降趋势。当浓度为 40%、60% 和 80% 时，添加 $NH_4H_2PO_4$ 粉体的铝合金粉末最大火焰速度分别为 5.9m/s、5.2m/s 和 2.6m/s。此外，添加 NaCl 和 $CaCO_3$ 粉体也显示出相同的下降趋势，随着 NaCl 浓度的增加，最大火焰速度逐渐降低，最大火焰速度出现时刻明显后移，表明 NaCl 粉体的抑制作用稳步增强。随着 $CaCO_3$ 粉体浓度增加，最大火焰速度逐渐降低。$CaCO_3$ 粉体的浓度小于 60% 时，相同时刻的火焰速度接近；当浓度达到 80% 时，最大火焰速度出现时刻有所延后，其火焰速度发展趋势与图 5-56（a）相似。这表明在低浓度下 $NH_4H_2PO_4$ 和 $CaCO_3$ 粉体的抑制作用较弱，不同时刻火焰速度发展趋势接近，而在高浓度下的抑制作用显著增强，火焰速度进一步降低，出现火焰速度最大值的时刻有所延后。

　　三种惰性粉体抑制作用下的铝合金粉末最大火焰速度如图 5-56（d）所示。当浓度为 40% 时，NaCl 粉体抑制下铝合金粉末的最大火焰速度低于在相同条件

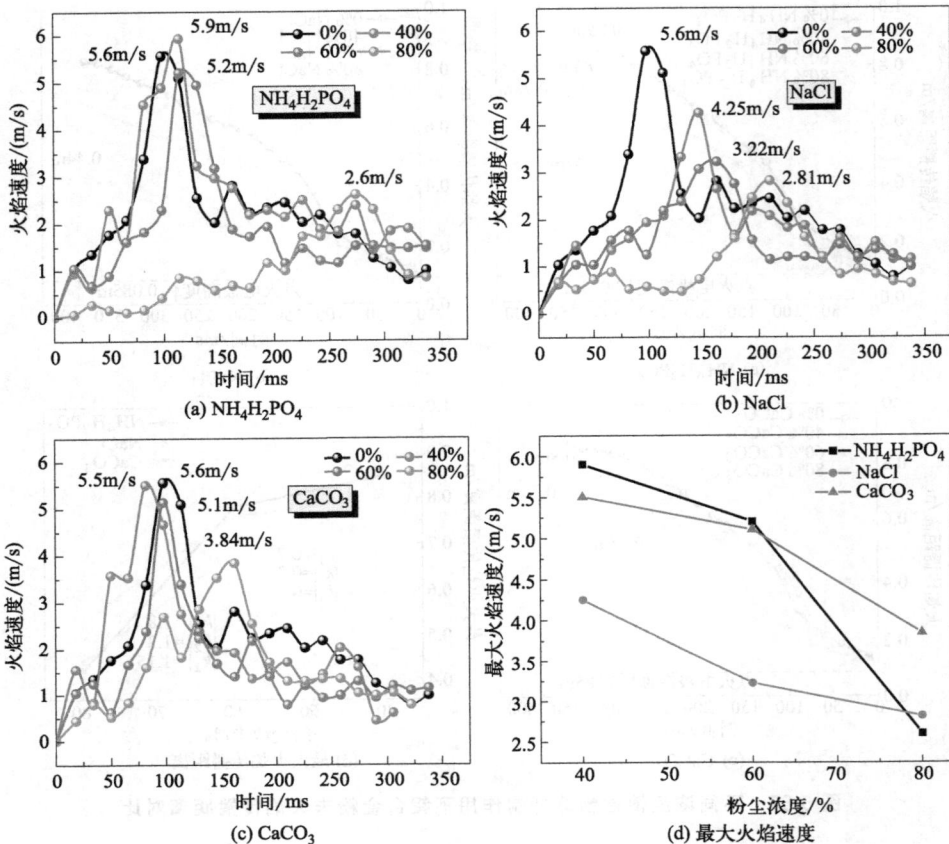

图 5-56　不同浓度惰性粉体抑制作用下铝合金粉末火焰速度对比

下添加 $NH_4H_2PO_4$ 和 $CaCO_3$ 粉体。$NH_4H_2PO_4$ 和 $CaCO_3$ 粉体在受到外部加热的条件下会发生分解反应。在铝合金粉末燃烧形成的高温火焰中，$NH_4H_2PO_4$ 粉体分解产生的 $NH_3$ 参与燃烧反应并释放热量，导致火焰的局部热量更高，对火焰的发展具有一定的促进作用。而 $CaCO_3$ 粉体受热分解会产生 $CO_2$ 气体，$CO_2$ 的产生导致火焰区域局部氧气浓度降低、局部火焰温度下降、燃烧速率减缓，从而对铝合金火焰的发展产生抑制作用。因此，在低浓度下，$NH_4H_2PO_4$ 粉体的抑制作用要弱于 $CaCO_3$ 粉体。

当浓度增大到 60% 时，$NH_4H_2PO_4$、NaCl 和 $CaCO_3$ 粉体的抑制作用进一步增强。$NH_4H_2PO_4$ 和 $CaCO_3$ 粉体的抑制效果接近。该浓度下，更多的 $NH_4H_2PO_4$ 粉体颗粒吸热、隔热，降低了铝合金粉末的燃烧速率，从而发挥抑制作用。在更高浓度的抑制作用下，$NH_4H_2PO_4$ 粉体的促进作用逐渐消失，而抑制作用更加显著。$CaCO_3$ 粉体则继续发挥抑制作用，更多的 $CaCO_3$ 粉体颗粒

分解产生 $CO_2$ 气体，同时吸热和降低火焰局部的氧气浓度。但是在该浓度下，NaCl 粉体的抑制作用仍然优于 $NH_4H_2PO_4$ 和 $CaCO_3$ 粉体。相比于 NaCl，$NH_4H_2PO_4$ 粉体分解会产生部分 $NH_3$，其抑制作用相对较弱。而 $CaCO_3$ 粉体作为固体颗粒，相较于 NaCl 粉体，其比热容更小，吸热能力更差，因此其抑制作用更弱。具体地，在该浓度下，NaCl 粉体依然表现出更优的抑制性能，$NH_4H_2PO_4$ 和 $CaCO_3$ 粉体的差距逐渐减小，抑制作用逐渐接近。

当浓度达到 80% 时，$NH_4H_2PO_4$ 粉体的抑制作用显著增强并超过同等条件下 NaCl 粉体的抑制作用，$CaCO_3$ 粉体的抑制作用也进一步增强，但弱于 $NH_4H_2PO_4$ 和 NaCl 粉体。由于 $NH_4H_2PO_4$ 粉体的分解温度较低，在此浓度下，大量的 $NH_4H_2PO_4$ 粉体吸收铝合金粉末燃烧产生的热量，产生的 $NH_3$ 在相对较低的火焰温度下未完全燃烧，抑制作用增强。相较于 NaCl 粉体，$NH_4H_2PO_4$ 粉体的比热容更大，分解温度更低，吸收的热量更多。因此，在高浓度下，$NH_4H_2PO_4$ 粉体的抑制作用逐渐接近并反超 NaCl 粉体。而 $CaCO_3$ 粉体相较于 NaCl 粉体，其固体颗粒密度更大，比热容更小，热分解温度更高，吸热能力较弱，所以 $CaCO_3$ 粉体的抑制效果最弱。

### 5.5.1.2 三种惰性粉体粒径抑制下火焰传播的对比

由于较低浓度的惰性粉体对铝合金粉尘的抑制效果较弱，因此着重研究了 80% $NH_4H_2PO_4$、NaCl 和 $CaCO_3$ 粉体浓度下的铝合金粉末的火焰距离，如图 5-57 所示。

由图 5-57 可知，对于粒径分别为 $10\mu m$、$20\mu m$、$40\mu m$ 和 $65\mu m$ 的 $NH_4H_2PO_4$ 粉体，火焰传播距离分别为 0.42m、0.6m、0.59m 和 0.61m。当 $NH_4H_2PO_4$ 粉体的粒径为 $10\mu m$ 时，抑制效果最佳，铝合金粉末的火焰传播距离最小；当 $NH_4H_2PO_4$ 粉体粒径大于 $20\mu m$ 时，火焰传播距离基本相似，并且在相同的粒径尺寸下，NaCl 和 $CaCO_3$ 粉体具有相同的抑制趋势。结果表明，越小的惰性粉体颗粒表现出越明显的抑制作用，其颗粒越小表面积和受热面积越大，单位时间内吸收热量的速率越快。

由图 5-57（d）可知，随着抑制剂粒径的增加，最大火焰传播距离呈上升趋势。当粒径为 $10\mu m$ 时，火焰传播距离最小；当抑制剂的粒径为 $20\mu m$ 时，火焰传播距离增加；当粒径大于 $20\mu m$ 时，火焰传播距离缓慢增加。在高浓度抑制剂条件下，粒径小于 $20\mu m$ 的抑制作用明显，惰性粉尘更多的细微颗粒分布在铝合金粉末周围，阻碍热量传递并吸收热量。当粒径大于 $20\mu m$ 后，抑制剂的抑制效果逐渐减小，较大粒径的惰性粉体阻碍和吸收的热量相对减少，火焰传播距离缓慢增加。结果表明，抑制剂粒径小于 $20\mu m$ 时表现出最大的抑制作用。

不同粒径的抑制剂作用下铝合金粉末的火焰速度如图 5-58 所示。当 $NH_4H_2PO_4$ 粉体的粒径分别为 $10\mu m$、$20\mu m$、$40\mu m$ 和 $65\mu m$ 时，最大火焰速度分别为 2.6m/s、2.8m/s、3.3m/s 和 3.8m/s；不同粒径的 NaCl 粉体的最大

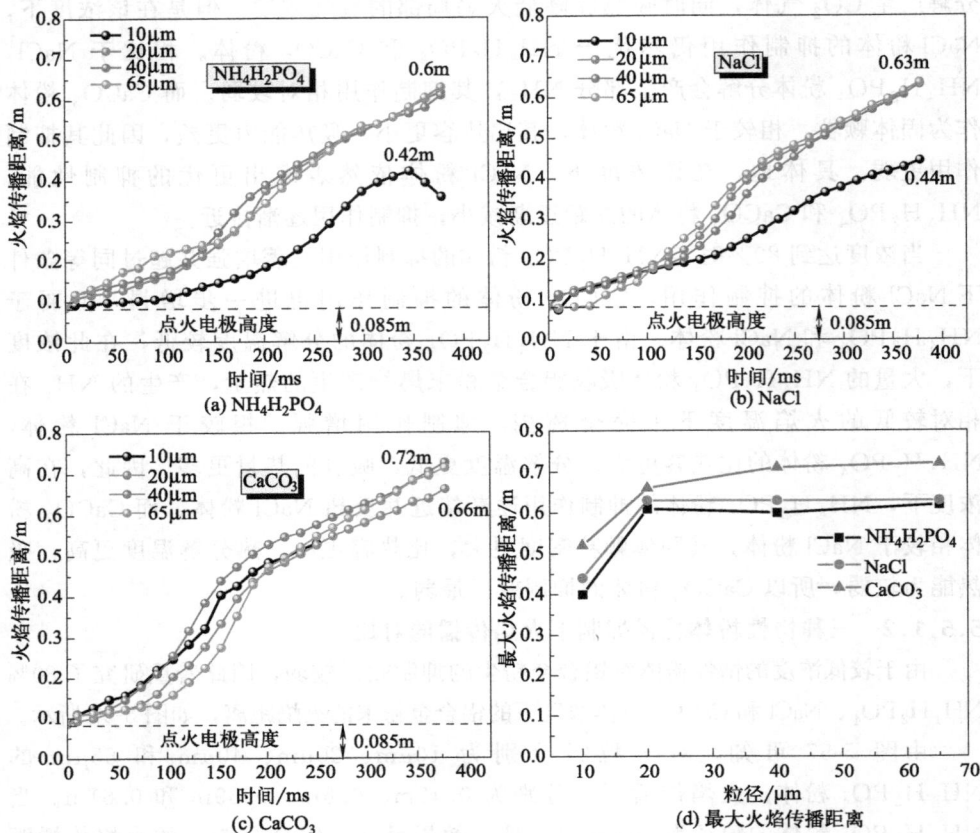

图 5-57 不同粒径惰性粉体抑制作用下铝合金粉末火焰传播距离对比

火焰速度分别为 2.81m/s、3.11m/s、3.27m/s 和 3.26m/s；不同粒径的 $CaCO_3$ 粉体的最大火焰速度分别为 3.84m/s、4.25m/s、4.4m/s 和 4.8m/s。

由图 5-58 可知，随着惰性粉体粒径增加，铝合金粉末的最大火焰速度增加，抑制作用逐渐减弱。相同浓度时，当抑制剂粒径为 $10\mu m$ 时，$NH_4H_2PO_4$ 粉体对铝合金粉末火焰速度的抑制作用最强。当粒径增加到 $40\mu m$ 时，$NH_4H_2PO_4$ 和 NaCl 粉体的抑制作用基本相同，火焰速度接近。当粒径增加到 $65\mu m$ 时，NaCl 粉体对铝合金粉末火焰速度的抑制作用最强。在 $10\sim65\mu m$ 范围内，与 $NH_4H_2PO_4$ 和 NaCl 粉体相比，$CaCO_3$ 粉体对铝合金粉末火焰速度的抑制作用最弱。因此，当抑制剂的粒径发生变化时，其抑制作用会受到影响。

由图 5-58（d）可知，当三种惰性粉体粒径均小于 $40\mu m$ 时，对铝合金粉末火焰传播的抑制作用从强到弱依次为 $NH_4H_2PO_4$、NaCl 和 $CaCO_3$ 粉体。当粒径大于 $40\mu m$ 时，$NH_4H_2PO_4$ 和 NaCl 粉体抑制铝合金粉尘云火焰传播性能接近，但均优于 $CaCO_3$ 粉体。分析认为，在高浓度的抑制剂条件下，当抑制剂粒

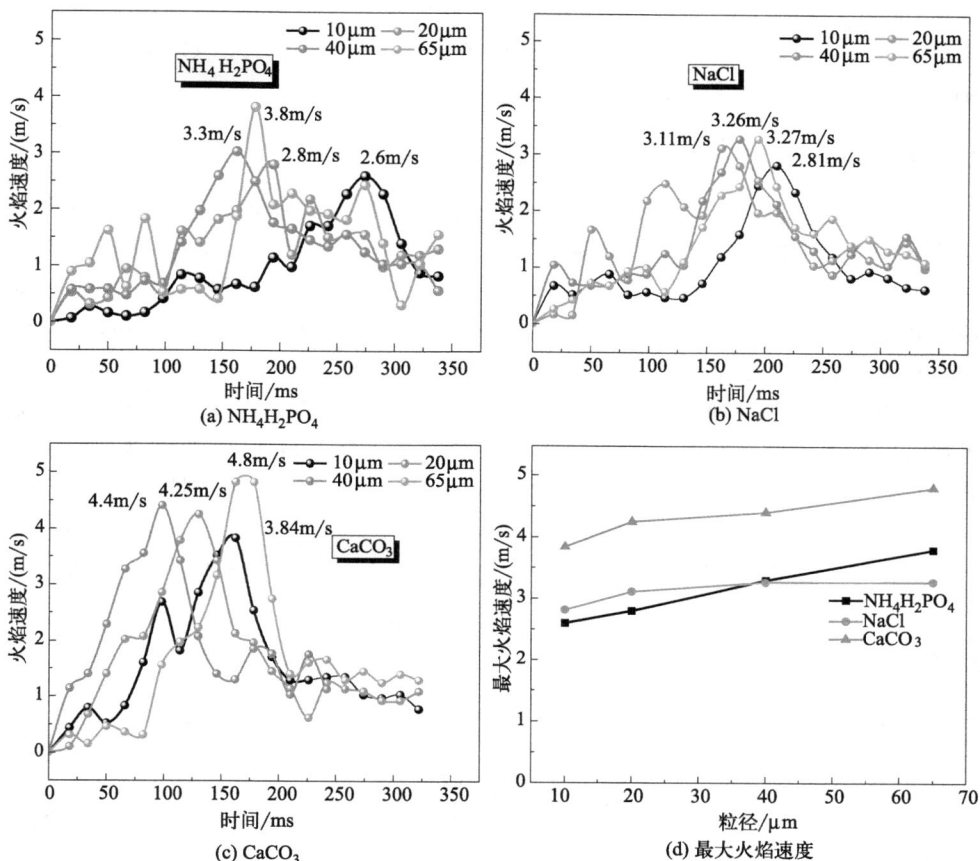

图 5-58　不同粒径惰性粉体下铝合金粉末火焰速度对比

径小于 $40\mu m$ 时，$NH_4H_2PO_4$ 粉体的热分解温度低于 NaCl 和 $CaCO_3$ 粉体；相同条件下，$NH_4H_2PO_4$ 粉体参与吸热发生分解反应的颗粒更多并由此产生部分 $NH_3$，然而 $NH_3$ 需要在高温下才能完全燃烧，此时受到 $NH_4H_2PO_4$ 粉体抑制作用的火焰暗淡、火焰温度较低，无法支持 $NH_3$ 的完全燃烧。相对地，在高浓度抑制条件下，$NH_3$ 的产生并没有促进火焰发展，反而由于 $NH_3$ 降低了氧气浓度和火焰温度而抑制了火焰传播。因此，小粒径的 $NH_4H_2PO_4$ 粉体相比于小粒径 NaCl 粉体具有更好的抑制作用。而 NaCl 粉体颗粒相比于 $CaCO_3$ 粉体颗粒具有密度更小、比热容更大的特点，在相同条件下吸收的热量更多，从而抑制作用更佳。因此，当三种惰性粉体的粒径小于 $40\mu m$ 时，抑制作用从强到弱依次为 $NH_4H_2PO_4$、NaCl 和 $CaCO_3$ 粉体。当三种惰性粉体粒径大于 $40\mu m$ 时，$NH_4H_2PO_4$ 粉体颗粒的比表面积减小，吸热能力和热分解速率相对降低，进而相对降低了其抑制作用。因此，$NH_4H_2PO_4$ 和 NaCl 粉体的抑制能力逐渐接近。

随着 $CaCO_3$ 粒径增大，其吸热能力和分解速率降低，吸附和阻碍铝合金粉末热传递和热辐射的效率降低。因此，当粒径大于 $40\mu m$ 时，$CaCO_3$ 粉体相比于 $NH_4H_2PO_4$ 和 $NaCl$ 粉体的抑制能力更弱。

### 5.5.2 三种惰性粉体浓度和粒径抑制下爆炸超压的对比

三种惰性粉体抑制铝合金粉末的爆炸超压如图 5-59 所示。总体上，三种惰性粉体粒径相同时，铝合金粉末爆炸超压与惰性粉体浓度呈负相关。对于所有测试的粒径（$10\mu m$、$20\mu m$、$40\mu m$、$65\mu m$），$NH_4H_2PO_4$ 粉体都显示出了最佳的抑爆效果，随着粒径的增加，这一效果有所下降，但其所有粒径仍然保持着对铝合金粉末最佳的抑爆效果。随着粒径从 $10\mu m$ 增加到 $65\mu m$，$NaCl$ 和 $CaCO_3$ 粉体的抑爆效果同样呈现下降趋势，但下降幅度相较于 $NH_4H_2PO_4$ 粉体的抑爆效果更大。结果表明，在给定的粒径和浓度条件下，$NH_4H_2PO_4$ 粉体展现出更显著的抑爆效果，其次是 $NaCl$ 粉体，而 $CaCO_3$ 粉体的抑制效果最弱。

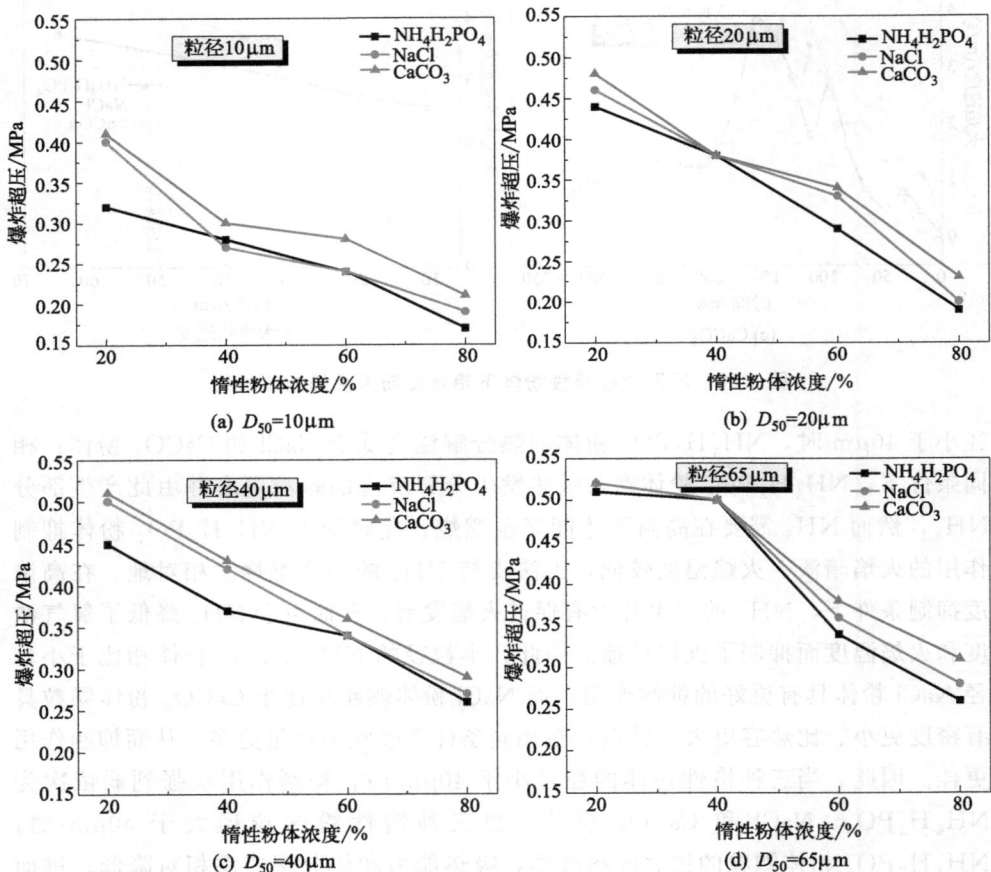

图 5-59　三种惰性粉体对铝合金粉末爆炸超压的抑制作用

分析认为，在对铝合金粉末抑爆过程中，$NH_4H_2PO_4$ 粉体熔点低，能够吸收热量并发生热分解，释放出氨气、部分水蒸气，产生磷酸，水蒸气能够降低燃烧体系温度，氨气能够有效稀释氧气浓度，从而进一步抑制反应进行。此外，$NH_4H_2PO_4$ 粉体在高温条件下会产生黏结现象，大量的 $NH_4H_2PO_4$、$H_3PO_4$ 颗粒吸附和黏结在铝合金颗粒表面，能够有效抑制铝合金粉末的链式反应。NaCl 粉体的熔点高，能够作为热量吸收剂，通过吸热降低反应区温度，在高温下能够形成熔融层，从而阻止铝合金颗粒与氧气的有效接触。$CaCO_3$ 粉体在高温下能够分解出 CaO 和 $CO_2$，其中 $CO_2$ 是惰性气体，可以产生稀释氧气浓度的作用，然而分解需要在较高的温度下进行，因此，这相对降低了 $CaCO_3$ 粉体的抑爆率。

三种典型惰性粉体（$NH_4H_2PO_4$、NaCl、$CaCO_3$）对铝合金粉末的抑爆率如图 5-60 所示。

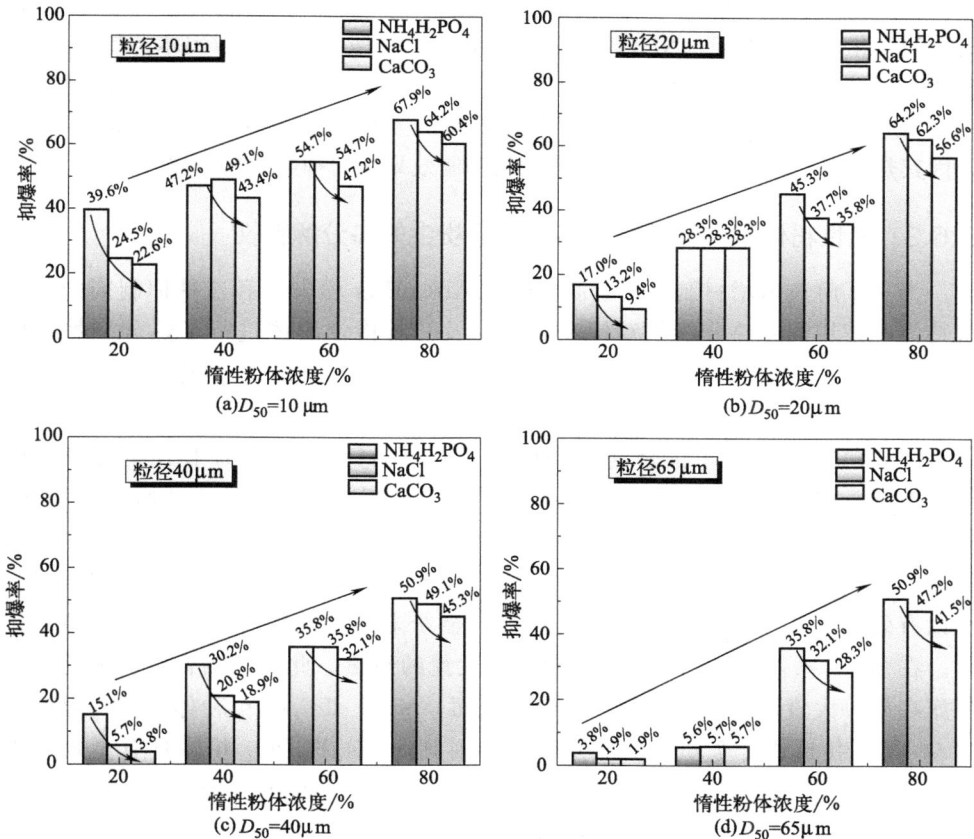

图 5-60　三种惰性粉体对铝合金粉尘的抑爆率

由图 5-60 可知，随着三种惰性粉体浓度的增加，其抑爆率均呈现上升趋势。$NH_4H_2PO_4$ 粉体在所有粒径和浓度下均显示出最高的抑爆率，而 $CaCO_3$ 粉体显示出的抑爆率最低。$NH_4H_2PO_4$ 粉体因其化学特性与铝合金粉末发生化学反应，生成的磷酸和水蒸气能有效吸收热量，降低反应区的温度，从而提高抑爆率。NaCl 作为惰性粉体，通过其物理阻隔作用减少了氧气与铝合金粉末的接触，而且其熔化过程中吸热作用有抑制燃烧的效果。$CaCO_3$ 粉体的抑制效果相对较小，其在高温下分解为 CaO 和 $CO_2$，而这些产物对抑制爆炸反应的效果不如 $NH_4H_2PO_4$ 粉体生成的磷酸和水蒸气。$NH_4H_2PO_4$ 粉体在遇热时能够分解并释放出水分子，对反应区的温度有较强的降温作用，NaCl 和 $CaCO_3$ 粉体则主要通过物理作用对爆炸进行抑制。$CaCO_3$ 粉体在高温下分解的能力相对较弱，导致其在抑制铝合金粉末爆炸方面的效率不及 $NH_4H_2PO_4$ 和 NaCl 粉体。$CaCO_3$ 粉体的热分解产生的 $CO_2$ 虽然是惰性气体，可以稀释氧气浓度，但其对抑制爆炸的直接冷却效果有限。

综合而言，$NH_4H_2PO_4$、NaCl 和 $CaCO_3$ 粉体的抑爆率有差异主要是由于它们的物理和化学特性不同。$NH_4H_2PO_4$ 粉体由于分解吸热反应释放出水蒸气和磷酸，磷酸可以进行二次吸热分解，并发挥物理抑制作用，从而具有更高的抑爆率；NaCl 粉体因其具有熔化吸热和物理阻隔效果，优于 $CaCO_3$ 粉体；而 $CaCO_3$ 粉体则因其热分解特性不足以提供相同程度的抑制效果从而抑爆效果较弱。

### 5.5.3 惰性粉体及典型增材制造用金属粉尘的热分解特性

为了了解典型增材制造用金属粉末（AlSi10Mg 粉末）和三种抑制剂的热分解特性，使用同步热分析仪对铝合金粉尘及三种惰性粉体进行了热分解特性研究。样品的质量均为 5mg，实验在空气气氛中以 20℃/min 的加热速率进行，如图 5-61 所示。

图 5-61 分别显示了铝合金、$NH_4H_2PO_4$、NaCl 和 $CaCO_3$ 样品的热分解曲线。由差示扫描量热（DSC）曲线可知，铝合金粉末从 527.2℃ 开始发生相变，$NH_4H_2PO_4$、NaCl 和 $CaCO_3$ 粉体的相变起始温度分别为 120℃、751.7℃ 和 675.7℃。显然，$NH_4H_2PO_4$ 粉体吸收了铝合金粉体（末）转化前的部分热量，可以有效降低反应体系的热量，延缓铝合金粉末燃烧的放热过程，起到抑制作用。在 782℃ 条件下，铝合金粉末会释放大量的热量。此时，铝合金粉末的内芯暴露在外，大量颗粒燃烧并剧烈放热。然而，NaCl 和 $CaCO_3$ 粉体的相变温度超过 664℃，接近铝合金粉末的放热温度。因此，$NH_4H_2PO_4$ 粉体具有更强的吸热和抑制作用，在抑制铝合金粉末方面优于 NaCl 和 $CaCO_3$ 粉体。

由图 5-61 所示的热重（TG）曲线可知，铝合金粉末质量增加了 8.6%，$NH_4H_2PO_4$、NaCl 和 $CaCO_3$ 粉体的质量损失分别为 33.6%、100% 和 47.2%。分析认为，铝合金粉末在缓慢燃烧过程中被氧化为氧化物，从而提高了铝合金粉末的质量。当 $NH_4H_2PO_4$ 和 $CaCO_3$ 粉体被加热时，气体被分解并且质量损失。虽然 NaCl

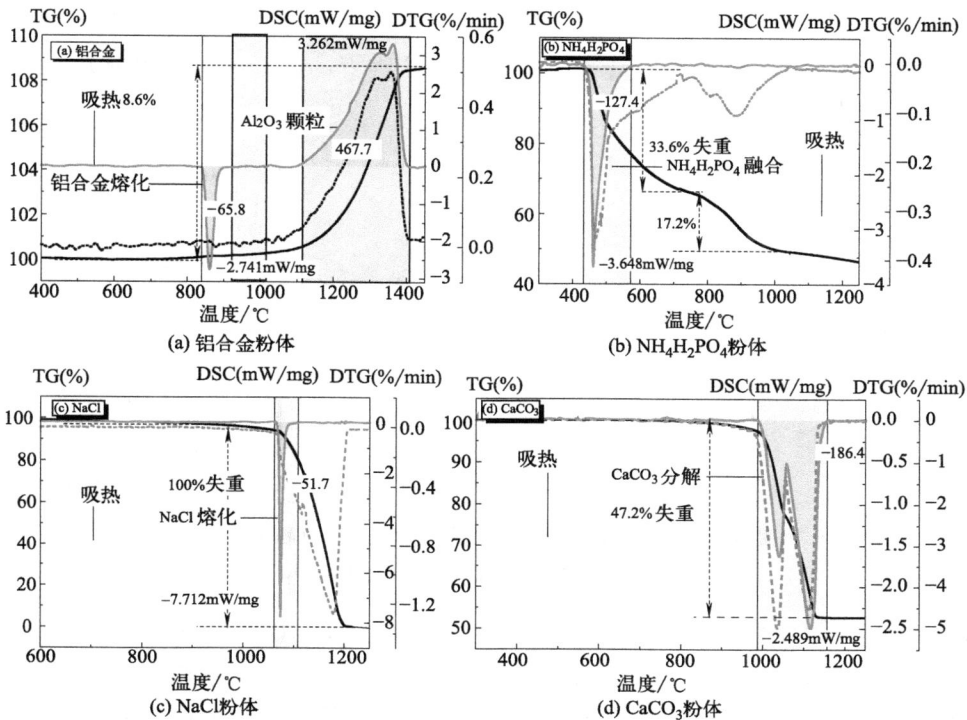

图 5-61　热分解特性

粉体没有发生分解反应，但其在 751℃逐渐熔融；随着温度的不断升高，NaCl 粉体逐渐升华并吸收热能。NaCl 和 $CaCO_3$ 粉体的 DSC 曲线表明，它们的最大吸热率分别为 7.712mW/mg 和 2.489mW/mg。因此，在相同的条件下，NaCl 粉体每单位时间的吸热率大于 $CaCO_3$ 粉体。$NH_4H_2PO_4$、NaCl 和 $CaCO_3$ 粉体的积分域面积分别为 127.4、51.7 和 186.4。铝合金粉末的吸热峰面积为 65.8，放热峰面积为 467.7。此外，$NH_4H_2PO_4$ 粉体的分解温度远低于铝合金的氧化放热温度。因此，当 $NH_4H_2PO_4$ 粉体的粒径较小时，其加热面积较大，热分解速率较快，吸热能力增大，对铝合金颗粒燃烧的抑制作用增强。三种抑制剂中 NaCl 粉体的最大吸热率为 7.712mW/mg，$CaCO_3$ 粉体吸热率在三种抑制剂中最低，表明其吸热速率缓慢。在铝合金粉尘快速燃烧放热过程中，$CaCO_3$ 粉体的吸热率低，难以完全分解和有效吸收热能，因此抑制铝合金粉末火焰传播的效果最弱。

三种惰性粉体抑制铝合金粉尘的燃烧过程如图 5-62 所示。

由图 5-62 可知，在 $NH_4H_2PO_4$ 粉体抑制铝合金粉末燃烧过程中，$NH_4H_2PO_4$ 粉体吸热分解成 $NH_3$ 和 $H_3PO_4$（$NH_4H_2PO_4 \rightarrow NH_3 + H_3PO_4$）。由于铝合金粉末燃烧释放大量热量，$H_3PO_4$ 能够继续吸热，脱去 $H_2O$ 生成

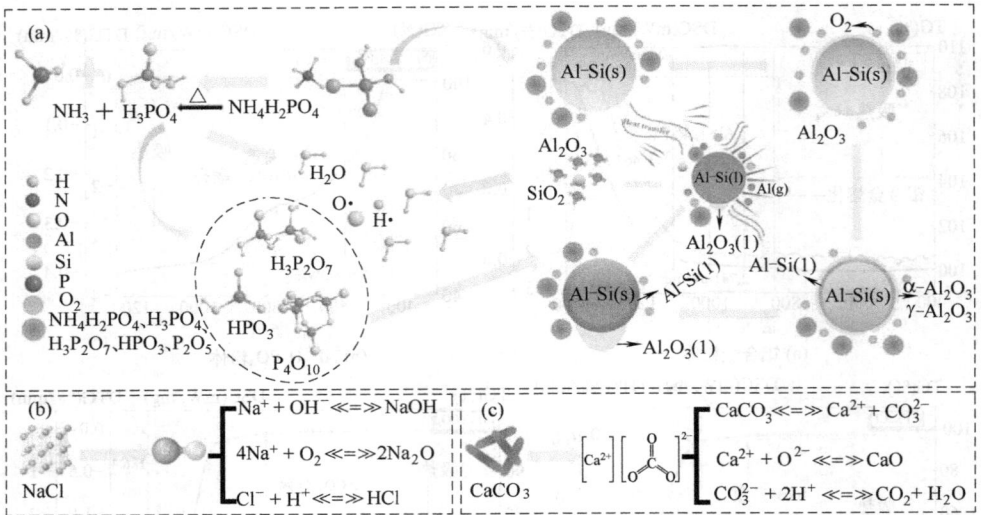

**图 5-62　三种惰性粉体抑制铝合金粉尘燃烧过程示意图：**
(a) $NH_4H_2PO_4$；(b) NaCl；(c) $CaCO_3$

$H_3P_2O_7$、$HPO_3$ 和 $P_2O_5$（$2H_3PO_4 \rightarrow H_3P_2O_7 + H_2O$；$H_3PO_4 \rightarrow HPO_3 + H_2O$；$H_3PO_4 \rightarrow P_2O_5 + 3H_2O$）。一方面，$NH_4H_2PO_4$ 粉体的整个分解过程吸收大量热能，消耗火焰中的 O· 和 H·，有效减缓铝合金粉末燃烧的链式反应；另一方面，$NH_4H_2PO_4$、$H_3P_2O_7$、$HPO_3$ 和 $P_2O_5$ 等固体颗粒附着在铝合金粉末表面，降低了铝合金颗粒之间的热辐射和热传递。

NaCl 粉体受到高温火焰加热会形成熔融态的 NaCl，Na—Cl 离子键断裂生成游离的 $Na^+$ 和 $Cl^-$，它们与 $H^+$ 和 $OH^-$ 结合生成气态的 NaOH、HCl 和 $Na_2O$（$Na^+ + OH^- \longrightarrow NaOH$；$Cl^- + H^+ \longrightarrow HCl$；$4Na^+ + O_2 \longrightarrow 2Na_2O$）。NaCl 粉体颗粒在抑制铝合金粉末燃烧过程中，吸热和隔热并消耗 H、O 自由基，减缓火焰的传播。NaCl 粉体颗粒则吸收热量，有效阻隔火焰持续传播。

铝合金粉体燃烧释放大量热量，$CaCO_3$ 粉体在高温状态下断裂化学键形成 $Ca^{2+}$ 和 $CO_3^{2-}$，再与 H、O 自由基结合最终生成 CaO 并释放 $CO_2$（$CaCO_3 \longrightarrow Ca^{2+} + CO_3^{2-}$；$Ca^{2+} + O^{2-} \longrightarrow CaO$；$CO_3^{2-} + H^+ \longrightarrow CO_2 + H_2O$）。在此过程中，化学键的断裂吸收热能，生成的 $CO_2$ 降低局部氧气浓度和火焰温度，$CaCO_3$ 和 CaO 固体颗粒阻碍铝合金颗粒之间的传热传质，有效降低其燃烧速率。

总之，在抑制铝合金粉末火焰传播过程中，$NH_4H_2PO_4$、NaCl 和 $CaCO_3$ 粉体均参与化学反应，消耗 H、O 自由基，阻止或减缓铝合金燃烧的链式反应。同时，上述惰性粉体也参与物理抑爆，原来的与新生成的固体物质吸附在铝合金颗粒表面，阻隔热量传递，降低铝合金颗粒的燃烧速率。

# 第6章

# 典型增材制造用金属粉尘反应动力学

利用气相动力学软件 Chemkin 对典型增材制造用铝合金粉末本身的燃爆自由基变化、反应路径及主要中间产物产率进行分析，研究铝合金粉末燃爆过程中的自由基变化情况，从而探究铝合金粉末爆炸过程中的微观作用机理。

## 6.1 软件概述

### 6.1.1 模拟软件的选择

气相动力学计算软件 Chemkin 是燃烧领域中普遍使用的一款模拟计算工具，常用于对燃烧过程、催化过程、化学气相沉积、等离子体及其他化学反应的模拟。

Chemkin 基于气相动力学、表面动力学和热传递三个核心程序模块的信息，提供了 21 种化学反应模型，并结合了预处理和后分析程序。其中，气相动力学信息中包括元素、组分、基元反应式、阿伦尼乌斯（Arrhenius）数据和热力学参数等。

① 气相动力学模块　是气相成分组成、气相化学反应与相关的 Arrhenius 数据等所有程序计算的基础。气相动力学模块的前处理程序读取用户自行编写的气相动力学输入文件（*.inp）和系统自带的热力学数据库（therm.dat），计算并生成含有元素、热力学数据、反应信息以及化学反应组分的气相动力学链接文件。

② 表面动力学模块　为反应过程包括多相反应提供两相反应所需的各种信息。

③ 热传递模块　提供气相多组分黏度、热传导系数、扩散系数和热扩散系数等。

Chemkin 具体求解流程如图 6-1 所示。

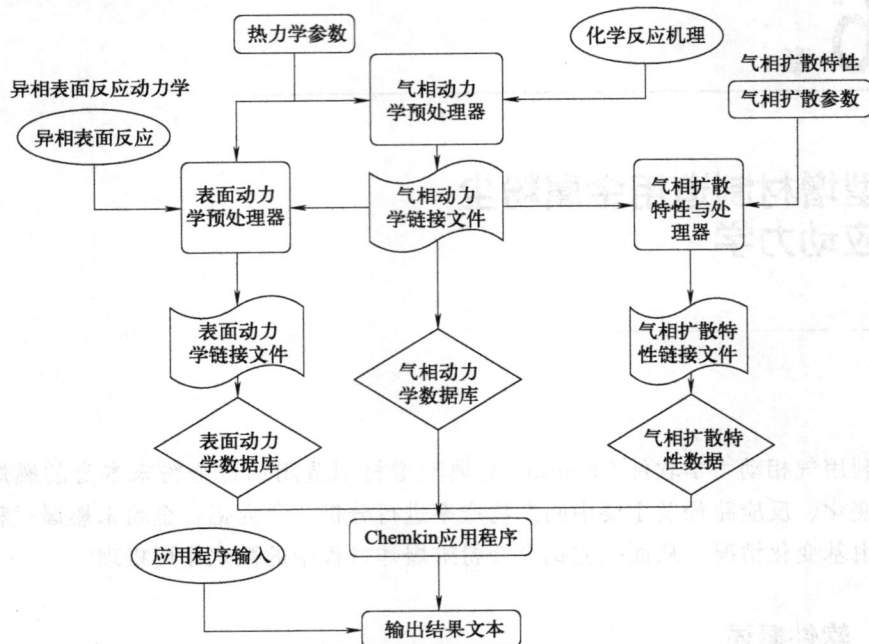

图 6-1 Chemkin 求解流程图

## 6.1.2 控制方程

反应由多个基元反应组成，基元反应的反应速率用阿伦尼乌斯公式描述。

$$k_i = A_i T^{\beta_i} \exp[-E_i/(R_0 T)] \tag{6-1}$$

式中 $k_i$——第 $i$ 个反应的反应速率；

$A_i$——指前因子；

$\beta_i$——温度指数；

$E_i$——反应活化能；

$R_0$——通用气体常数；

$T$——温度。

平衡常数如下

$$K_{pi} = \exp\left(\frac{\Delta S_i^0}{R} - \frac{\Delta H_i^0}{RT}\right) \tag{6-2}$$

其中，反应熵 $\Delta S_i^0$ 和反应焓 $\Delta H_i^0$ 由热力学数据给出，热力学数据源自 JANNAF 热力学数据库和 Burcat 热力学数据库。

气相热容控制方程如下

$$c_p^0 = A + Bt + Ct_2 + Dt_3 + \frac{E}{t} \tag{6-3}$$

$$H^0 - H^0_{298.15} = At + \frac{Bt_2}{2} + \frac{Ct_3}{3} + \frac{Dt_4}{4} - \frac{E}{t} + F - H \qquad (6-4)$$

$$S^0 = A\ln(t) + Bt + \frac{Ct_2}{2} + \frac{Dt_3}{3} - \frac{E}{2t_2} + G \qquad (6-5)$$

式中　$c_p^0$——摩尔热容，J/(mol·K)；

$\quad\quad H^0$——标准焓，kJ/mol；

$\quad\quad S^0$——标准熵，J/(mol·K)；

$\quad\quad t$——温度，K/1000；

$A \sim H$——系数。

## 6.2　化学反应动力学模型的建立

### 6.2.1　模拟模型的建立

关于铝合金粉末的燃爆和抑爆机理未很好证明，因此通过数值模拟分析爆炸过程中的微观变化，验证实验结果的有效性，补充和完善相关爆炸机理。为了有针对性地分析不同抑爆剂对铝合金粉末燃烧过程的影响，构建了铝合金粉末爆炸的反应动力学模型。由于无法量化各个物理过程间的相互影响，该模型对铝合金颗粒相变过程进行了简化和忽略。

根据铝合金粉末在空气中燃烧的化学反应机理，为了简化计算，在Chemkin模拟时做出了如下假设：

① 在模拟实验中，认为粉末与空气混合充分，达到均匀混合状态；

② 在模拟中只考虑气相动力学反应，不考虑表面动力学反应；

③ 不研究颗粒的点火过程，并忽略氧化层和氧化帽；

④ 因为铝合金粉末燃烧持续时间极短，所以可以假定燃烧环境为绝热，忽略壁面传热。

在Chemkin中采用零维封闭全混合型反应器模型进行铝合金粉末的燃烧模拟，需要的数据为热力学数据和气相化学数据。

在前处理（Pre-Processing）设置中，其气相动力学文件应该包含铝合金的机理文件及三种抑爆剂的机理文件。铝合金机理采用Saba提出的Al详细反应机理以及Ji提出的Mg详细反应机理，按照元素分析表进行配比，共包含24种组分和80步反应。本实验中热力学数据来源于Burcat热力学数据库、NIST化学动力学数据库和JANNAF表。

### 6.2.2　Chemkin求解步骤

在铝合金粉末燃烧反应模型中添加不同抑爆剂的动力学子模型。在反应器物理参数设置中，燃烧计算时间为 0.2s，温度为 2700K，初始压力为常压，容积为 20000cm³，热损失率为 0 等，并设置绝对误差和相对误差。基于工业爆炸的安全防护设计，实验条件的模拟需结合两个典型的爆炸特征参数，设置反应物的比例参数时，按照实验的比例设置。

Chemkin 模型求解步骤如图 6-2 所示。

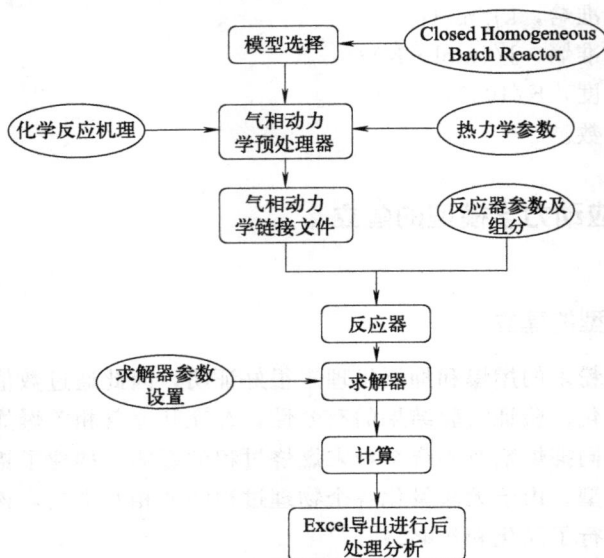

图 6-2　Chemkin 模型求解步骤图

## 6.3　铝合金粉尘爆炸模拟

关于铝合金粉末的燃爆和抑爆机理未很好证明，因此通过数值模拟分析爆炸过程中的微观变化，验证实验结果的有效性，补充和完善相关爆炸机理。此节根据第 5 章金属粉末的爆炸特征研究进行铝合金粉尘原样在 20L 爆炸球内的爆炸模拟，选择当量比为 1，对铝合金粉末燃爆特性进行数值模拟研究。铝合金粉尘受热燃烧爆炸，达到 2700K 时完全汽化，符合气相动力学机理。在设定的模拟条件下，可以得出铝合金粉尘爆炸过程中主要中间物质浓度的变化，如图 6-3 所示。从图 6-3 可以看出，铝合金粉尘在爆炸过程中，生成的中间产物主要是 AlO 和 O。

铝合金粉尘爆炸反应路径如图 6-4 所示，可以看出爆炸过程中 Al 和 Mg 通过消耗 O 自由基生成 $Al_2O_3$ 和 MgO。Mg 生成 MgO 的过程较为简单。Al 生成 $Al_2O_3$ 的过程较为复杂，Al 与空气中的氧气反应生成活跃的中间产物 AlO 和 $Al_2O$，随后继续反应生成 $Al_2O_2$、$AlO_2$、$AlO_3$ 等中间产物，最终生成 $Al_2O_3$，完成铝合金的爆炸过程。

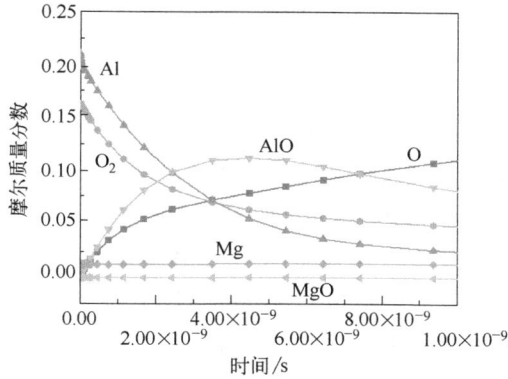

图 6-3　铝合金粉尘爆炸过程中各物质浓度变化

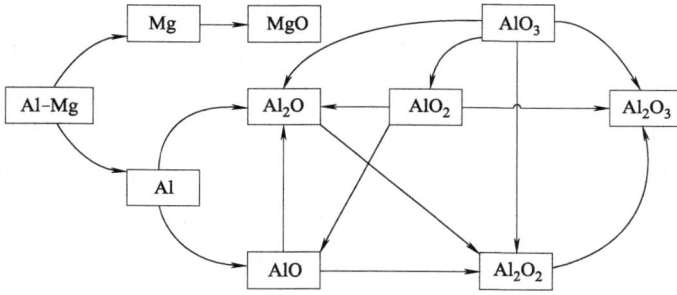

图 6-4　铝合金粉尘爆炸反应路径

通过 Chemkin 模拟软件，不仅可以看出反应路径过程中中间产物的生成，还可以看出各组分的产率及关键基元反应。铝合金粉尘爆炸过程中各组分的生产速率及关键基元反应如图 6-5 所示。从图中可以看出影响 $Al$、$AlO$、$Al_2O$、$Al_2O_2$、$AlO_2$、$AlO_3$、$Al_2O_3$、$Mg$、$MgO$ 这些物质生成的关键基元反应及其生产速率。

生成/消耗 $Al$ 的关键反应：$Al + O_2 \Longrightarrow AlO + O$

$$Al + O \Longrightarrow AlO$$

生成/消耗 $AlO$ 的关键反应：$Al + O \Longrightarrow AlO$

$$Al + O_2 \Longrightarrow AlO + O$$

$$2AlO \Longrightarrow Al_2O + O$$

生成 $Al_2O$ 的关键反应：$2AlO \Longrightarrow Al_2O + O$

$$Al + AlO_2 \Longrightarrow Al_2O + O$$

生成/消耗 $Al_2O_2$ 的关键反应：$2AlO \Longrightarrow Al_2O_2$

$$AlO + AlO_2 \Longrightarrow Al_2O_2 + O$$

$$Al_2O_2 + O \Longrightarrow Al_2O_3$$

生成/消耗 $AlO_2$ 的关键反应：$AlO + O_2 \Longrightarrow AlO_2 + O$
$$Al + AlO_2 \Longrightarrow 2AlO$$
$$Al + AlO_2 \Longrightarrow Al_2O + O$$
$$AlO + AlO_2 \Longrightarrow Al_2O_2 + O$$
生成/消耗 $AlO_3$ 的关键反应：$AlO_2 + O \Longrightarrow AlO_3$
$$Al + AlO_3 \Longrightarrow Al_2O + O_2$$
生成 $Al_2O_3$ 的关键反应：$Al_2O_2 + O \Longrightarrow Al_2O_3$
$$Al_2O + O_2 \Longrightarrow Al_2O_3$$
消耗 Mg 的关键反应：$Mg + O_2 \Longrightarrow MgO + O$
$$Mg + O + M \Longrightarrow MgO + M$$
生成 MgO 的关键反应：$Mg + O_2 \Longrightarrow MgO + O$
$$Mg + O + M \Longrightarrow MgO + M$$

$AlO$、$Al_2O$、$Al_2O_2$ 等属于不稳定的中间物质，生成速度极快，在中间产物生成/消耗的过程中，会不断和 O 自由基结合，降低 O 自由基的浓度，最终生成稳定的 $Al_2O_3$ 和 MgO。由图 6-5 可知消耗 Al 的主要基元反应是 $Al + O_2 \Longrightarrow AlO + O$。该反应消耗了 Al 的同时，还消耗了 $O_2$，生成了 AlO 和 O 自由基。消耗 Mg 的主要基元反应是 $Mg + O_2 \Longrightarrow MgO + O$。该反应消耗 Mg 的同时，消耗了 $O_2$，生成了 O 自由基和 MgO。所以可以通过 AlO 和 O 自由基的生成推测 Al 的消耗。

由图 6-5 可知，Al 会在反应刚开始极短的时间内迅速发生氧化，Al 的氧化过程是一个复杂的含有多组基元反应的过程。相较于 Al，Mg 的氧化过程较为单一，推测这也是造成 Mg 与氧亲和力大于 Al，在铝合金粉尘原样中优先被氧化的原因之一。

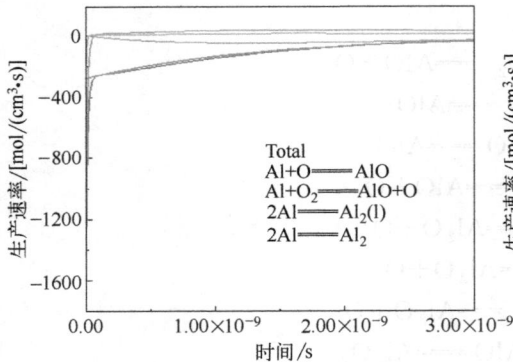

(a) Al

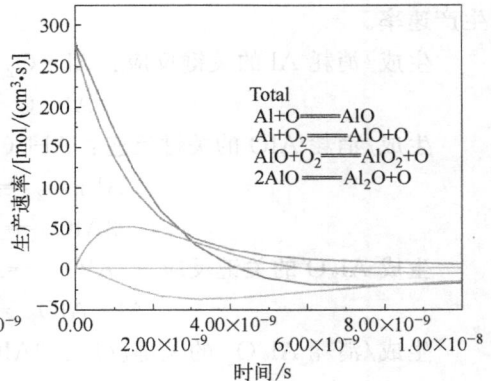

(b) AlO

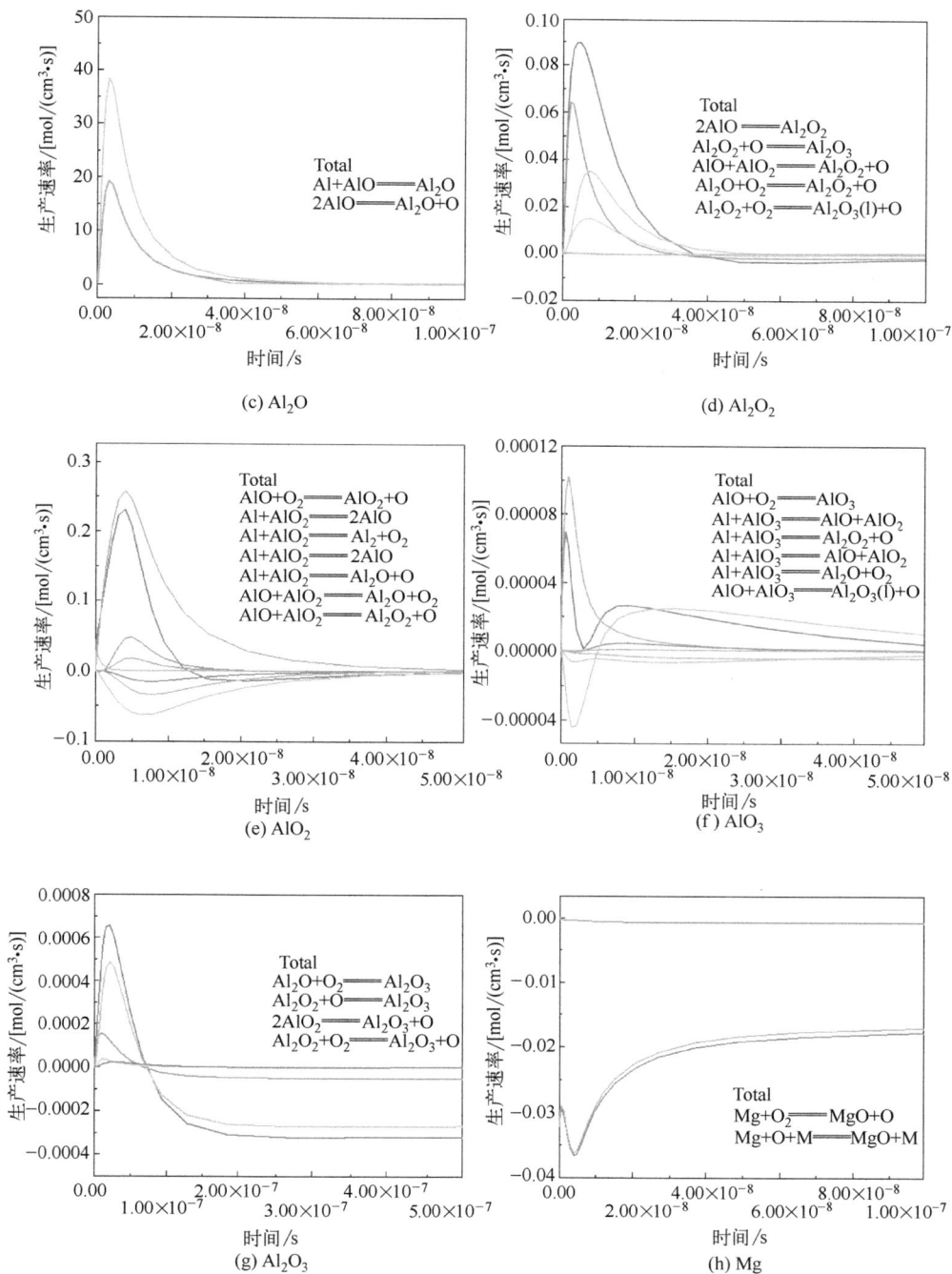

(c) Al$_2$O

(d) Al$_2$O$_2$

(e) AlO$_2$

(f) AlO$_3$

(g) Al$_2$O$_3$

(h) Mg

**图 6-5**

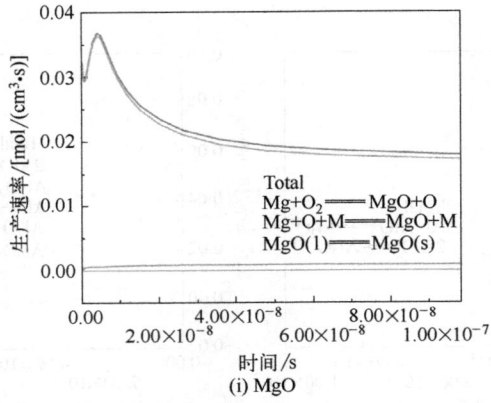

图 6-5　铝合金粉尘爆炸过程中各组分生产效率分析及关键基元反应

# 第7章

## 金属粉尘增材制造安全风险评估

金属粉尘（末）增材制造安全风险评估指标体系的构建是风险评估的基础。本章通过分析金属粉末增材制造作业过程中存在的风险，结合对金属粉末增材制造现场作业情况的深入调研，综合考虑人员、环境、设备设施等多方面因素，研究并归纳出金属粉末增材制造安全风险评估指标体系。

### 7.1 金属粉尘增材制造安全风险评估指标体系构建

#### 7.1.1 构建原则

金属粉末增材制造作业过程中存在很多影响安全性的内外部因素，比如管理因素和人员因素等。为了构建能够反映金属粉末增材制造安全风险评估结果的真实性、科学性和安全性的风险评估指标，构建风险评估指标体系时应遵循以下基本原则。

① 科学性 建立的金属粉末增材制造安全风险评估指标，必须能反映金属粉末增材制造技术的工艺特点。指标体系的构建必须采用科学合理的方法，所建立的指标可以进行定性或定量分析。

② 全面性 对金属粉末增材制造安全风险评估需具备综合性，要考虑到引发安全事故的各种因素，也要注意到各因素之间是否有一定的影响。构建金属粉末增材制造安全的多层级结构风险评估指标，从风险影响因素的各个方面进行综合考虑，从而选取出具有代表性的指标要素。

③ 可操作性 金属粉末增材制造安全风险评估指标要用于后续的实际评估，因此指标的设置应易于理解、易于量化。对于难以量化的指标，要用定性指标描述的程度来表示。只有风险评估指标具有较强的可操作性，金属粉末增材制造安

全的实际评估过程才能更加简洁顺畅。

④ 系统性原则 风险指标体系的建立基本上属于系统论范畴，因此有必要充分利用系统工程、管理、统计等相关知识，对风险指标进行充分分析并建立相应的金属粉末增材制造安全风险指标体系，为金属粉末增材制造安全风险评估提供相关理论支持。

### 7.1.2 指标体系构建

通过前期针对金属粉末增材制造技术的调研，分别从人员、材料、设备设施、环境与管理等因素进行综合考量。根据前期对金属粉末增材制造安全风险评估的基础研究，同时借鉴多轮专家咨询论证工作，最终确定了具有三层递阶层次结构的风险评估指标体系。

金属粉末增材制造安全事故的发生往往是多种因素综合作用的结果，因此结合金属粉末增材制造技术的工艺特点，在众多参考因素中选取出了能够比较综合地反映金属粉末增材制造安全风险特点的一个目标层、五个一级指标以及反映其特征的若干特征属性作为二级指标，如图 7-1 所示。

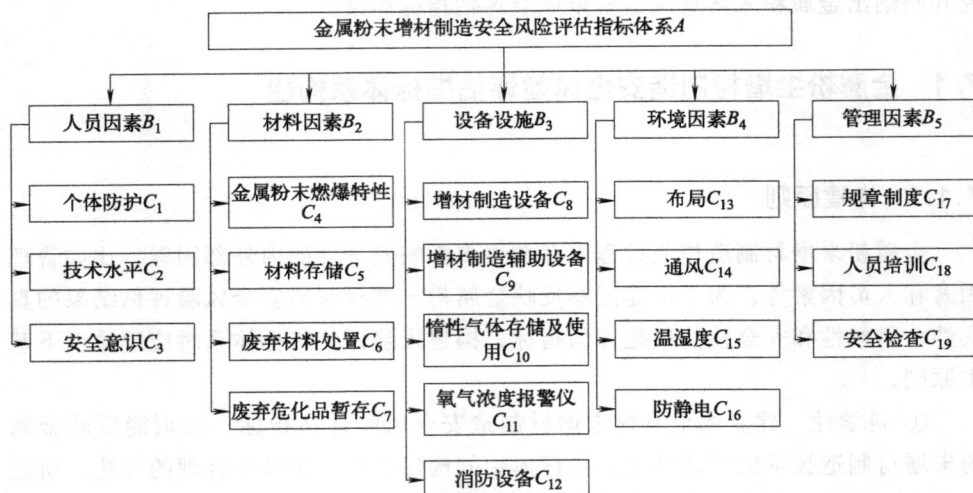

图 7-1 金属粉末增材制造安全风险评估指标体系

目标层 $A$ 为金属粉末增材制造安全风险评估指标体系。

一级指标层 $B$ 共有五个指标，分别是人员因素 $B_1$、材料因素 $B_2$、设备设施 $B_3$、环境因素 $B_4$ 和管理因素 $B_5$。

① 人员因素 $B_1$ 包含个体防护 $C_1$、技术水平 $C_2$ 和安全意识 $C_3$。

② 材料因素 $B_2$ 包含金属粉末燃爆特性 $C_4$、材料存储 $C_5$、废弃材料处置 $C_6$ 和废弃危化品暂存 $C_7$。

③ 设备设施 $B_3$　包含增材制造设备 $C_8$、增材制造辅助设备 $C_9$、惰性气体存储及使用 $C_{10}$、氧气浓度报警仪 $C_{11}$ 和消防设备 $C_{12}$。

④ 环境因素 $B_4$　包含布局 $C_{13}$、通风 $C_{14}$、温湿度 $C_{15}$ 和防静电 $C_{16}$。

⑤ 管理因素 $B_5$　包含规章制度 $C_{17}$、人员培训 $C_{18}$ 和安全检查 $C_{19}$。

## 7.1.3　风险评估指标体系分析说明

对构建的金属粉末增材制造技术的安全风险评估指标体系所包含的各级指标具体说明如下：

（1）人员因素 $B_1$

① 个体防护　作业人员进入工作区域时应按照要求佩戴个体防护装备，这可以在作业过程中避免机械伤害、减少辐射等。个体防护装备主要包括防护面罩、防护服、隔热手套和防静电安全鞋。防护面罩可以避免作业人员摄入金属粉末，防护服可以减少辐射带来的伤害，防静电安全鞋则可以避免产生静电、降低火灾爆炸事故发生的可能性。特别是作业人员处理镍基高温合金、不锈钢、模具钢等不活泼金属粉末时，应佩戴 KN95 口罩和具有侧面保护功能的安全防护眼镜；而处理钛合金、铝合金等活泼金属粉末时，应佩戴 KP 100 等级的全面罩式呼吸器和具有侧面保护的安全防护眼镜。

② 技术水平　金属粉末增材制造的安全作业与作业人员的技术水平息息相关，如果作业人员能在设备运行过程中及时正确地处理一些突发情况，就能避免很多安全问题。技术水平主要体现在能否正确处理金属粉末着火、能否合理应对惰性气体泄漏等。作业人员技术水平的考察主要包括是否有岗前培训记录、是否通过上岗考核、是否定期参加突发事件培训等。

③ 安全意识　作业人员如果有较高的安全意识，则能避免很多安全事故的发生。作业人员安全意识的考察主要包括作业人员是否有安全教育培训记录和每日巡检记录等。

（2）材料因素 $B_2$

① 作业区域内危险化学品存储总量符合要求　作业区域内危险化学品存放量应遵守一定的要求：不宜存放过多的化学品，其总量不得超过 100kg/L；对于危险化学品，则存储总量不能超过 25kg/L。合理存储化学品可以规避很多安全事故。

② 合理存储金属粉末　作业区域内应有专设的粉末存储区，粉末储存区内不同性质的金属粉末应分区放置。镍基高温合金、不锈钢、模具钢等金属材料储存于密闭容器中，应真空包装或充入惰性气体排空气后压缩包装，钛合金、铝合金等金属材料宜储存于防爆密闭容器中。对金属粉末的合理存储不仅有利于成形的工件的质量，也有利于减少火灾爆炸事故的发生。

③ 废弃金属粉末的处置　固态废弃金属粉末应使用沙子进行钝化，完成钝化的废料应装在防静电容器中，防静电容器应使用一次性密封圈进行密封或将盖子用布带二次固定。固液废料应通过过滤系统进行过滤，过滤器和过滤出来的污泥应收集到防静电塑料袋中，此塑料袋应使用密封胶密封，然后放入防静电容器中。被污染的过滤元件应放置在防爆箱中，并使用沙子进行钝化。

④ 合理暂存废弃危化品和金属粉末　作业区域应有废弃危险化学品和金属粉末的临时存放区。该区域应建立防泄漏设施，或采用防漏容器作为防泄漏设施。原则上，临时存放区内的危险废弃物应每天清理一次，最长不超过 30 天，且应交由有资质的专业机构进行收集、处理。

（3）设备设施 $B_3$

① 增材制造设备系统安全性　每台增材制造设备均应贴有警示标志，以提醒非专业技术人员禁止触碰设备，此标志应清晰、醒目。主要增材设备的每一个独立部分应该配有单独的插头与总断电器相连。每台主要增材制造设备周围均应设定一个安全工作区域，需采纳制造商的建议；标志颜色应选用黄色或黄色/黑色。每台主要增材制造设备旁均应配有相应的标准操作安全手册以及增材制造设备数据单。

② 增材制造辅助设备系统安全性　增材制造辅助设备一般与主要增材制造设备放在一起，根据其安全设计要求，必须包含下列组件。

a. 防静电工作台　每台增材制造设备应配备防静电工作台，用于放置装填粉末、回收粉末、拆装基板等使用的相关工具。防静电工作台上应有防静电垫，防静电垫应保持干净整洁。

b. 喷砂机　增材制造实验室应配有至少一台喷砂机。喷砂机用于除去增材制造产品表面的毛刺，减小其表面粗糙度。喷砂机未使用时，应保持内外部干净整洁、无粉末或砂砾残留。喷砂机应有接地线，以防止静电产生。

c. 防静电手推车　实验室应配备防静电手推车，可用于更换和转移粉末储存容器、筛粉装粉，以及运输基板，以减轻人工劳动，提高生产效率。

d. 防爆吸尘器　增材制造实验室应配备防爆吸尘器，作用是清理成形产品表面的残留粉末、掉落在地面上的废弃粉末等。防爆吸尘器分为标准防爆吸尘器和湿式防爆吸尘器两种。标准防爆吸尘器仅可清理镍基高温合金、不锈钢、模具钢等材料的粉末，湿式防爆吸尘器仅可清理钛合金、铝合金等的粉末。防爆吸尘器要求符合 GB/T 4706.93—2024 的规定。

e. 筛粉机　筛粉机的主要作用是对金属粉末进行筛分处理。筛粉全过程不宜暴露在空气中。

f. 手套箱系统　手套箱系统是依附于增材制造设备、喷砂机等或者单独存在的手套箱模块，主要作用是方便作业人员在密闭空间内对增材制造产品或带基板产品进行手工操作，对人体起到保护作用。手套箱系统的安装、检测等要求应符合 GB/T 25915.7—2010 的规定。

g. 激光冷却系统　激光冷却系统（即水冷或风冷系统）应满足国家相关标准要求和增材制造设备的激光冷却的需求。

h. 其他辅助设备　其他辅助设备（如电脑等）应符合国家相关标准要求和增材制造设备相关使用要求。

③ 惰性气体存储传输系统安全性　存储惰性气体的气瓶需立放，并应有防止倾倒的措施。作业区域内需配备惰性气体泄漏应急处理设备，惰性气体输送管道、附件、气柜等的气密性应良好。有专业人员对气瓶及输送管道的气密性进行定期检查，并存有检查记录。

④ 氧气检测系统安全性　作业区域内应配置敏感度较高的氧气传感装置，并且设置的氧气浓度报警仪与风机联锁。氧气传感器应安装在贴近潜在的惰性气体泄漏的位置，阀门以及管道连接处周围应装有氧气传感器。氧气传感器应依据产品制造规格放置在 $30\sim60\text{cm}$ 高度处，应能正常工作，应能以清晰易识别的方式发出警报（例如警报声或者闪烁的灯光）。

⑤ 消防系统安全可靠性　作业区域的防火等级需符合 GB 50016—2014《建筑设计防火规范》的要求，区域内需配备火灾自动报警系统和自动灭火系统。

（4）环境因素 $B_4$

① 布局　增材制造设备及其相关辅助设备等应集中靠建筑物外墙布置，作业区域的安全出口不应少于两个。

② 通风　应符合 GB 50019—2015《工业建筑供暖通风与空气调节设计规范》的规定，应具有独立的通风系统。

③ 温湿度　粉末储存区的环境温度应控制在 $5\sim35$℃；相对湿度应控制在 75％以下，无凝露。粉末储存区应在阴凉、通风处，并应远离火种和热源。粉末储存区的相对湿度应控制在 75％以下，无凝露。粉末储存区放置温度计和湿度计，应有定时校准记录。

④ 防静电　作业区域入口处应配置静电消除器，增材制造设备作业区域内应使用不发火的防静电地面。

（5）管理因素 $B_5$

① 规章制度　金属粉末增材制造安全管理制度应明确规定进出操作室的人员，对进出操作室的人员进行登记。结合生产运行的实际情况，在充分识别危险有害因素的基础上，制定本岗位的安全生产操作规程。每年至少组织全体作业人员进行一次安全事故专项应急预案演练，并保存演练记录，完善安全管理组织体系，明确责任并建立安全责任追溯体系。

② 人员培训　所有进入作业区域的人员必须经过安全生产培训，了解安全

生产的各项要求和处置各种事故的对策和措施，如火灾爆炸专项应急预案和岗位应急处置方案等。人员培训的内容应合理、科学、严谨，部门应存有培训记录和考核记录。同时，应对其他相关人员进行培训，如技术人员和机械设备操作人员等。

③ 安全检查　应配备专人负责安全管理工作，建立健全日常安全检查制度，并做好相关记录。安全检查应坚持自查与抽查相结合、定期检查与不定期检查相结合的原则，及时发现并消除安全隐患。安全管理人员应每日早晚检查惰性气体传输系统，定期重点检查消防安全、环境安全、易燃易爆危险化学品安全、增材制造设备及其辅助设备安全和电气安全。安全负责人应做好日常检查并每日填写检查记录，将安全责任落实到位。按照分级检查的原则，在安全检查中发现的危险隐患必须及时消除；不能自行消除的，报有关部门处理。发生事故时，应及时采取措施，如实报告。

## 7.2　金属粉尘增材制造安全风险评估技术

### 7.2.1　权重确定方法

权重确定方法主要有主观赋值法和客观赋值法等。主观赋值法主要包括层次分析法、德尔菲法（Delphi 法，也称专家调查法）、多元分析法等，这些方法主要是基于人们对指标重要性方面的主观认识，缺乏客观性且准确性低。常见的客观赋值法主要包括均方差法、主成分分析法、熵值法等。在大多数情况下，客观赋值法有很高的准确性，但结果可能与实际情况相矛盾，且难以解释。

目前，在风险评估中使用频率最高的权重确定方法是层次分析法。但层次分析法在专家对因素重要性判断差别较大造成判断矩阵不一致时需重新获取判断矩阵，增加了工作量。近年来，各研究领域逐渐引入了一种将主观赋值法与客观赋值法相结合的"结构熵权法"（SEWM），它能将主观赋值法与客观赋值法结合起来，是定性分析与定量分析相结合的分析方法。结构熵权法不仅应用于安全科学与灾害防治和矿业工程领域，还广泛应用于宏观经济管理、建筑科学与工程、农业经济、电力工业等领域。它在指标数较多的情况下，可准确地计算各指标的权重，减少大量的计算工作，并能得到更准确的结果。因此，本书选用结构熵权法来确定金属粉末增材制造安全风险评估指标的权重。

### 7.2.2　结构熵权法的原理

该方法的基本思想是分析评价体系的各项指标及其相互关系，然后将其划分为独立的等级。具体实施步骤如下。

（1）专家意见收集

根据专家调查法（Delphi 法）的程序和要求，邀请几位在金属增材制造行业内具有代表性、权威性和公平性的专家填写调查表（表 7-1）。专家们需将指标的重要性填入表格，并将指标按重要性进行高低排列，如"1"代表"最重要"，"2"代表"很重要"，"3"代表"重要"等。一些指标可以被认为是同等重要，专家们可以讨论这些指标的最终排名。

表 7-1　指标重要性调查表

| 项目 | Index1 | Index2 | Index3 | Index4 | Index5 | ··· |
|------|--------|--------|--------|--------|--------|-----|
| Expert1 | | | | | | |
| Expert2 | | | | | | |
| Expert3 | | | | | | |
| Expert4 | | | | | | |
| ··· | | | | | | |

（2）盲度分析

在专家打分过程中，可能由于一些原因在数据中会出现噪声数据，这些数据存在错误或异常（偏离期望值），会对之后的数据分析造成干扰，从而使指标排序存在潜在的偏差和不确定性。为了减少这些偏差，可运用熵理论来计算熵值，具体实施步骤如下。

假设邀请 $k$ 个专家参加问卷调查，返回 $k$ 个问卷表格，将每个表格当作一个指标集，记为 $R = (r_1, r_2, r_3, \cdots, r_i)$，$r_i$ 指的是专家排列的数组 $\{a_{i1}, a_{i2}, \cdots, a_{in}\}$（$i = 1, 2, \cdots, k$），$a_{i1}, a_{i2}, \cdots, a_{in}$ 可以是来自 $\{1, 2, \cdots, n\}$ 的任意自然数。如前所述，"1"代表了最高的指标重要性。从 $k$ 个表格获得的指标排序矩阵表示为矩阵 $A$。

$$A = \begin{bmatrix} a_{11} & a_{12} & a_{13} & \cdots & a_{1n} \\ a_{21} & a_{22} & a_{23} & \cdots & a_{2n} \\ \cdots & \cdots & \cdots & \cdots & \cdots \\ a_{k1} & a_{k2} & a_{k3} & \cdots & a_{kn} \end{bmatrix} \tag{7-1}$$

排序结果可通过隶属度函数转换为定量结果，可定义为

$$\chi(I) = -\lambda(I) p_n(I) \ln p_n(I) \tag{7-2}$$

其中，$p_n(I) = \dfrac{m-I}{m-1}$，$\lambda(I) = \dfrac{1}{\ln(m-1)}$。把它们代入式（7-2）

$$\chi(I) = -\frac{1}{\ln(m-1)} \left( \frac{m-I}{m-1} \right) \ln \left( \frac{m-I}{m-1} \right) \tag{7-3}$$

等式两边同时除以 $(m-I)(m-1)$，并假设 $\mu(I)=\dfrac{1-\chi(I)}{\dfrac{m-I}{m-1}}$，那么可得

$$\mu(I)=\frac{\ln(m-I)}{\ln(m-1)} \tag{7-4}$$

其中，$I$ 指由专家评估的某个指标的定性排序数值。例如，一位专家通过评估得出了五个指标 $r_1$，$r_2$，$r_3$，$r_4$，$r_5$ 的一组定性排序为 5，2，3，4，1，则代表指标 $r_5$ 是最重要的，因为它的 $I=1$；$m$ 指转换参数，将其定义为 $m=j+2$，$j$ 是指标的个数。

将 $I$ 的定性排序数值代入式 (7-4)，可得到 $b_{ij}$ 的定量转换值。$b_{ij}=\mu(a_{ij})$ 为 $I$ 的隶属度，矩阵 $\boldsymbol{B}=(b_{ij})k\times n$ 被定义为隶属度矩阵。在这里引入一个新参数，即平均认知度 $b_j$，它代表 $k$ 个专家对指标 $r_i$ 评价的一致性程度，计算公式如下。

$$b_j=\frac{b_{1j}+b_{2j}+b_{3j}+\cdots+b_{kj}}{k} \tag{7-5}$$

认知盲度 $\sigma_j$ 被定义为来自 $k$ 个专家对指标 $r_i$ 评估的不确定性。

$$\sigma_j=\left|\frac{[\max(b_{1j},b_{2j},\cdots,b_{kj})-b_j]+[b_j-\min(b_{1j},b_{2j},\cdots,b_{kj})]}{2}\right| \tag{7-6}$$

综合理解度 $\boldsymbol{X}_i$ 指 $k$ 个专家对各指标 $r_i$ 的评价程度。$k$ 个专家对指标 $r_i$ 的评价向量可表示为

$$\boldsymbol{X}_i=b_j(1-\sigma_j) \tag{7-7}$$

（3）归一化处理

为了得到指标 $r_i$ 的权重，式 (7-7) 需要进行归一化处理。

$$\omega_i=\frac{\boldsymbol{X}_i}{\sum_{i=1}^{k}\boldsymbol{X}_i} \tag{7-8}$$

显然，$\omega_i>0$，且 $\omega_i$ 的和等于 1，$\boldsymbol{\omega}=(\omega_1,\omega_2,\omega_3,\cdots,\omega_i)$ 代表指标集 $R=(r_1,r_2,r_3,\cdots,r_i)$ 的权重向量。

### 7.2.3　指标权重的计算

金属粉末增材制造安全风险评估指标体系的一级指标分别是：人员因素（$B_1$）、材料因素（$B_2$）、设备设施（$B_3$）、环境因素（$B_4$）和管理因素（$B_5$）。分别编号为指标 "1"、"2"、"3"、"4"、"5"，其权重计算过程如下。

① 专家意见收集　收集了来自 5 名专家对一级指标的排序结果，详见表 7-2。

表 7-2　一级指标专家排序结果

| 指标 | $B_1$ | $B_2$ | $B_3$ | $B_4$ | $B_5$ |
|---|---|---|---|---|---|
| 专家 1 | 1 | 2 | 3 | 4 | 5 |
| 专家 2 | 2 | 1 | 3 | 5 | 4 |
| 专家 3 | 3 | 1 | 2 | 5 | 4 |
| 专家 4 | 1 | 3 | 2 | 5 | 4 |
| 专家 5 | 3 | 2 | 1 | 5 | 4 |

② 获得等级矩阵 $A$

$$A = \begin{bmatrix} 1 & 2 & 3 & 4 & 5 \\ 2 & 1 & 3 & 5 & 4 \\ 3 & 1 & 2 & 5 & 4 \\ 1 & 3 & 2 & 5 & 4 \\ 3 & 2 & 1 & 5 & 4 \end{bmatrix}$$

③ 根据式（7-4）和矩阵 $A$ 计算得出隶属矩阵 $B$，其中 $m$ 取 7。

$$B = \begin{bmatrix} 1.000 & 0.898 & 0.774 & 0.613 & 0.387 \\ 0.898 & 1.000 & 0.774 & 0.387 & 0.387 \\ 0.774 & 1.000 & 0.898 & 0.387 & 0.387 \\ 1.000 & 0.774 & 0.898 & 0.387 & 0.387 \\ 0.774 & 0.898 & 1.000 & 0.387 & 0.613 \end{bmatrix}$$

④ 专家对指标评价的一致性程度（平均认知度）为

$$b_j = \frac{b_{1j} + b_{2j} + b_{3j} + b_{4j} + b_{5j}}{5} = (0.889, 0.914, 0.869, 0.432, 0.432)$$

⑤ 基于以上计算结构并结合式（7-5）和式（7-6），可以得到所有专家对指标的认知盲度 $\sigma_j$。然后根据认知盲度 $\sigma_j$ 和式（7-7）计算出评价向量 $X_i$。最后，采用归一化处理方法得到各指标的权重。各参数计算结果见表 7-3，同样，其他指标的权重分布也可以通过细化得到。

表 7-3　一级指标权重计算

| 指标 | $B_1$ | $B_2$ | $B_3$ | $B_4$ | $B_5$ |
|---|---|---|---|---|---|
| 专家 1 | 1 | 2 | 3 | 4 | 5 |
| 专家 2 | 2 | 1 | 3 | 5 | 4 |
| 专家 3 | 3 | 1 | 2 | 5 | 4 |
| 专家 4 | 1 | 3 | 2 | 5 | 4 |

| 指标 | $B_1$ | $B_2$ | $B_3$ | $B_4$ | $B_5$ |
|---|---|---|---|---|---|
| 专家 5 | 3 | 2 | 1 | 5 | 4 |
| $b_{j均值}$ | 0.889 | 0.914 | 0.869 | 0.432 | 0.432 |
| $b_{j\max}$ | 1.000 | 1.000 | 1.000 | 0.613 | 0.613 |
| $b_{j\max}-b_{j均值}$ | 0.111 | 0.086 | 0.131 | 0.181 | 0.181 |
| $b_{j\min}$ | 0.774 | 0.774 | 0.774 | 0.387 | 0.387 |
| $b_{j均值}-b_{j\min}$ | 0.115 | 0.140 | 0.095 | 0.045 | 0.045 |
| $\sigma_i$ | 0.113 | 0.113 | 0.062 | 0.113 | 0.000 |
| $1-\sigma_i$ | 0.887 | 0.887 | 0.938 | 0.887 | 1.000 |
| $X_i$ | 0.789 | 0.811 | 0.815 | 0.383 | 0.432 |
| 权重 $\omega_i$ | 0.244 | 0.251 | 0.252 | 0.119 | 0.134 |

一级指标人员因素（$B_1$）下包括三个二级指标，分别为个体防护（$C_1$）、作业水平（$C_2$）和安全意识（$C_3$）。其权重计算如表 7-4 所示。

$$A_1=\begin{bmatrix}1&2&3\\2&1&3\\2&3&1\\2&1&3\\3&2&1\end{bmatrix},\ B_1=\begin{bmatrix}0.792&1.000&0.500\\0.792&0.500&1.000\\0.792&1.000&0.500\\1.000&0.792&0.500\\0.500&0.792&1.000\end{bmatrix},\ b_j=$$

$(0.775,0.817,0.700)$。

**表 7-4　$B_1$ 下二级指标权重计算**

| 指标 | $C_1$ | $C_2$ | $C_3$ |
|---|---|---|---|
| 排序号 | 1 | 2 | 3 |
| 专家 1 | 1 | 2 | 3 |
| 专家 2 | 2 | 1 | 3 |
| 专家 3 | 2 | 3 | 1 |
| 专家 4 | 2 | 1 | 3 |
| 专家 5 | 3 | 2 | 1 |
| $b_{j均值}$ | 0.775 | 0.817 | 0.700 |
| $b_{j\max}$ | 1.000 | 1.000 | 1.000 |
| $b_{j\max}-b_{j均值}$ | 0.225 | 0.183 | 0.300 |
| $b_{j\min}$ | 0.500 | 0.500 | 0.500 |
| $b_{j均值}-b_{j\min}$ | 0.275 | 0.317 | 0.200 |
| $\sigma_i$ | 0.104 | 0.250 | 0.250 |

| 指标 | $C_1$ | $C_2$ | $C_3$ |
|---|---|---|---|
| $1-\sigma_i$ | 0.896 | 0.750 | 0.750 |
| $X_i$ | 0.695 | 0.613 | 0.525 |
| 权重 $\omega_i$ | 0.379 | 0.334 | 0.286 |

一级指标材料因素（$B_2$）下包含金属粉末燃爆特性（$C_4$）、材料存储（$C_5$）、废弃材料处置（$C_6$）和废弃危化品暂存（$C_7$）。其权重计算如表 7-5 所示。

$$\text{其等级矩阵 } A_2 = \begin{bmatrix} 1 & 3 & 2 & 4 \\ 2 & 1 & 4 & 3 \\ 1 & 2 & 3 & 4 \\ 1 & 3 & 4 & 2 \\ 1 & 2 & 3 & 4 \end{bmatrix}, \text{ 隶属度矩阵 } B_2 = \begin{bmatrix} 1.000 & 0.683 & 0.861 & 0.431 \\ 0.861 & 1.000 & 0.431 & 0.683 \\ 1.000 & 0.861 & 0.683 & 0.431 \\ 1.000 & 0.683 & 0.431 & 0.861 \\ 1.000 & 0.861 & 0.683 & 0.431 \end{bmatrix},$$

$b_j = (0.972, 0.818, 0.618, 0.567)$。

表 7-5　$B_2$ 下二级指标权重计算

| 指标 | $C_4$ | $C_5$ | $C_6$ | $C_7$ |
|---|---|---|---|---|
| 排序号 | 1 | 2 | 3 | 4 |
| 专家 1 | 1 | 3 | 2 | 4 |
| 专家 2 | 2 | 1 | 4 | 3 |
| 专家 3 | 1 | 2 | 3 | 4 |
| 专家 4 | 1 | 3 | 4 | 2 |
| 专家 5 | 1 | 2 | 3 | 4 |
| $b_j$均值 | 0.972 | 0.818 | 0.618 | 0.567 |
| $b_{j\max}$ | 1.000 | 1.000 | 0.861 | 0.861 |
| $b_{j\max}-b_{j均值}$ | 0.028 | 0.182 | 0.243 | 0.294 |
| $b_{j\min}$ | 0.861 | 0.683 | 0.431 | 0.431 |
| $b_{j均值}-b_{j\min}$ | 0.111 | 0.135 | 0.187 | 0.136 |
| $\sigma_i$ | 0.069 | 0.159 | 0.215 | 0.215 |
| $1-\sigma_i$ | 0.931 | 0.841 | 0.785 | 0.785 |
| $X_i$ | 0.905 | 0.688 | 0.485 | 0.445 |
| 权重 $\omega_i$ | 0.359 | 0.273 | 0.192 | 0.176 |

设备设施（$B_3$）包含增材制造设施（$C_8$）、增材制造辅助设备（$C_9$）、惰性气体存储及使用（$C_{10}$）、氧气浓度报警仪（$C_{11}$）和消防设备（$C_{12}$）。其权重计

算如表 7-6 所示。

$$其等级矩阵\ \boldsymbol{A}_3 = \begin{bmatrix} 1 & 2 & 4 & 5 & 3 \\ 1 & 2 & 3 & 4 & 5 \\ 1 & 2 & 4 & 3 & 5 \\ 1 & 2 & 4 & 3 & 5 \\ 1 & 2 & 3 & 4 & 5 \end{bmatrix},\ 隶属度矩阵\ \boldsymbol{B}_3 =$$

$$\begin{bmatrix} 1 & 0.898 & 0.613 & 0.387 & 0.774 \\ 1 & 0.898 & 0.774 & 0.613 & 0.387 \\ 1 & 0.898 & 0.613 & 0.774 & 0.387 \\ 1 & 0.898 & 0.613 & 0.774 & 0.387 \\ 1 & 0.898 & 0.774 & 0.613 & 0.387 \end{bmatrix},\ b_j = (1, 0.898, 0.667, 0.632, 0.457)。$$

表 7-6  $B_3$ 下二级指标权重计算

| 指标 | $C_8$ | $C_9$ | $C_{10}$ | $C_{11}$ | $C_{12}$ |
|---|---|---|---|---|---|
| 排序号 | 1 | 2 | 3 | 4 | 5 |
| 专家 1 | 1 | 2 | 4 | 5 | 3 |
| 专家 2 | 1 | 2 | 3 | 4 | 5 |
| 专家 3 | 1 | 2 | 4 | 3 | 5 |
| 专家 4 | 1 | 2 | 4 | 3 | 5 |
| 专家 5 | 1 | 2 | 3 | 4 | 5 |
| $b_{j均值}$ | 1 | 0.898 | 0.667 | 0.632 | 0.457 |
| $b_{j\max}$ | 1 | 0.898 | 0.774 | 0.774 | 0.774 |
| $b_{j\max} - b_{j均值}$ | 0 | 0 | 0.107 | 0.142 | 0.317 |
| $b_{j\min}$ | 1 | 0.898 | 0.613 | 0.387 | 0.387 |
| $b_{j均值} - b_{j\min}$ | 0 | 0 | 0.054 | 0.254 | 0.070 |
| $\sigma_i$ | 0 | 0 | 0.081 | 0.198 | 0.194 |
| $1 - \sigma_i$ | 1 | 1 | 0.919 | 0.802 | 0.806 |
| $X_i$ | 1 | 0.898 | 0.613 | 0.507 | 0.368 |
| 权重 $\omega_i$ | 0.294 | 0.264 | 0.183 | 0.150 | 0.109 |

环境因素 $B_4$ 包含布局 $C_{13}$、通风 $C_{14}$、温湿度 $C_{15}$ 和防静电 $C_{16}$。其权重计算如表 7-7 所示。

$$其等级矩阵\ \boldsymbol{A}_4 = \begin{bmatrix} 1 & 2 & 3 & 4 \\ 2 & 1 & 4 & 3 \\ 1 & 2 & 3 & 4 \\ 1 & 3 & 4 & 2 \\ 1 & 2 & 3 & 4 \end{bmatrix},\ 隶属度矩阵\ \boldsymbol{B}_4 =$$

$$\begin{bmatrix} 1.000 & 0.861 & 0.683 & 0.431 \\ 0.861 & 1.000 & 0.431 & 0.683 \\ 1.000 & 0.861 & 0.683 & 0.431 \\ 1.000 & 0.683 & 0.431 & 0.861 \\ 1.000 & 0.861 & 0.683 & 0.431 \end{bmatrix}, b_j = (0.972, 0.853, 0.582, 0.531)。$$

表 7-7　$B_4$ 下二级指标权重计算

| 指标 | $C_{13}$ | $C_{14}$ | $C_{15}$ | $C_{16}$ |
|---|---|---|---|---|
| 排序号 | 1 | 2 | 3 | 4 |
| 专家 1 | 1 | 2 | 3 | 4 |
| 专家 2 | 2 | 1 | 4 | 3 |
| 专家 3 | 1 | 2 | 3 | 4 |
| 专家 4 | 1 | 3 | 4 | 2 |
| 专家 5 | 1 | 2 | 3 | 4 |
| $b_{j均值}$ | 0.972 | 0.853 | 0.582 | 0.531 |
| $b_{j\max}$ | 1.000 | 1.000 | 0.683 | 0.861 |
| $b_{j\max}-b_{j均值}$ | 0.028 | 0.147 | 0.101 | 0.330 |
| $b_{j\min}$ | 0.861 | 0.683 | 0.431 | 0.431 |
| $b_{j均值}-b_{j\min}$ | 0.111 | 0.170 | 0.151 | 0.100 |
| $\sigma_i$ | 0.069 | 0.159 | 0.126 | 0.126 |
| $1-\sigma_i$ | 0.931 | 0.841 | 0.874 | 0.874 |
| $X_i$ | 0.905 | 0.718 | 0.509 | 0.465 |
| 权重 $\omega_i$ | 0.349 | 0.277 | 0.196 | 0.179 |

管理因素（$B_5$）包含规章制度（$C_{17}$）、人员培训（$C_{18}$）和安全检查（$C_{19}$）。其权重计算如表 7-8 所示。

$$\text{其等级矩阵 } A_5 = \begin{bmatrix} 2 & 1 & 3 \\ 2 & 3 & 1 \\ 2 & 1 & 3 \\ 1 & 2 & 3 \\ 3 & 2 & 1 \end{bmatrix}, \text{隶属度矩阵 } B_5 = \begin{bmatrix} 0.792 & 1.000 & 0.500 \\ 0.792 & 0.500 & 1.000 \\ 0.792 & 1.000 & 0.500 \\ 1.000 & 0.792 & 0.500 \\ 0.500 & 0.792 & 1.000 \end{bmatrix}, b_j =$$

$(0.775, 0.817, 0.700)$。

表 7-8　$B_5$ 下二级指标权重计算

| 指标 | $C_{17}$ | $C_{18}$ | $C_{19}$ |
|---|---|---|---|
| 排序号 | 1 | 2 | 3 |
| 专家 1 | 2 | 1 | 3 |

| 指标 | $C_{17}$ | $C_{18}$ | $C_{19}$ |
|---|---|---|---|
| 专家 2 | 2 | 3 | 1 |
| 专家 3 | 2 | 1 | 3 |
| 专家 4 | 1 | 2 | 3 |
| 专家 5 | 3 | 2 | 1 |
| $b_{j均值}$ | 0.775 | 0.817 | 0.700 |
| $b_{j\max}$ | 1.000 | 1.000 | 1.000 |
| $b_{j\max} - b_{j均值}$ | 0.225 | 0.183 | 0.300 |
| $b_{j\min}$ | 0.500 | 0.500 | 0.500 |
| $b_{j均值} - b_{j\min}$ | 0.275 | 0.317 | 0.200 |
| $\sigma_i$ | 0.104 | 0.250 | 0.250 |
| $1-\sigma_i$ | 0.896 | 0.750 | 0.750 |
| $X_i$ | 0.695 | 0.613 | 0.525 |
| 权重 $\omega_i$ | 0.379 | 0.334 | 0.286 |

其他二级指标的计算过程同上。表 7-9 为金属粉末增材制造技术评估指标体系的各级权重表。

表 7-9　金属粉末增材制造技术评估指标体系各级权重表

| 目标层 | 一级指标 | 权重 | 二级指标 | 权重 |
|---|---|---|---|---|
| 金属粉末增材制造安全风险评估 | 人员因素 | 0.244 | 个体防护 | 0.379 |
| | | | 技术水平 | 0.334 |
| | | | 安全意识 | 0.286 |
| | 材料因素 | 0.251 | 金属粉末燃爆特性 | 0.359 |
| | | | 材料存储 | 0.273 |
| | | | 废弃材料处置 | 0.192 |
| | | | 废弃危化品暂存 | 0.176 |
| | 设备设施 | 0.252 | 增材制造设备 | 0.294 |
| | | | 增材制造辅助设备 | 0.264 |
| | | | 惰性气体存储及使用 | 0.183 |
| | | | 氧气浓度报警仪 | 0.150 |
| | | | 消防设备 | 0.109 |
| | 环境因素 | 0.119 | 布局 | 0.349 |
| | | | 通风 | 0.277 |
| | | | 温湿度 | 0.196 |
| | | | 防静电 | 0.179 |
| | 管理因素 | 0.134 | 规章制度 | 0.379 |
| | | | 人员培训 | 0.334 |
| | | | 安全检查 | 0.286 |

## 7.2.4　模糊综合评价法

客观世界中有许多不明确的概念和现象，模糊数学就是一种试图使用数学工具来解决模糊对象问题的方法。模糊综合评价法是借助模糊数学概念来对具体实际的问题进行评估的有效方法。

模糊综合评价法的主要流程如下：①确定被评价对象的因素和相应的评价集；②确定每一因素的权重和所属矢量，得出模糊判断矩阵以便后续使用；③将模糊评判矩阵与因素的权向量进行模糊运算并进行归一化，得到模糊综合评价结果。

采用模糊综合评价法对金属粉末增材制造安全进行风险评估过程如下。

（1）构造评价因素集

根据构建的金属粉末增材制造安全风险评估指标体系确定指标集，第一层级指标 $B=\{B_1, B_2, B_3, B_4, B_5\}$，其中 $B_1$、$B_2$、$B_3$、$B_4$ 和 $B_5$ 分别表示人员因素、材料因素、设备设施、环境因素和管理因素。第二层级指标为 $C=\{C_1, \cdots, C_{19}\}$，元素代表了个体防护、安全意识、材料的存储与处置等多方面的因素。

（2）构造评语集

结合金属粉末增材制造的实际作业情况，确定其五个评语等级：a—安全，b—较安全，c—一般，d—较危险，e—危险，如表 7-10 所示，构成安全程度评语集 $V=\{a, b, c, d, e\}$，并邀金属粉末增材制造和粉尘爆炸等领域共计 10 名专家组成专家组，由专家对金属粉末增材制造的实际生产作业情况进行判断并打分。特别地，粉末燃爆情况无须由专家打分，而是取样增材制造用金属粉末进行实验，对增材制造用金属粉末的风险等级进行定级，不同的危险级别对应不同的评语，其转化规则见表 7-11。

表 7-10　评语

| 安全级别 | 安全 | 较安全 | 一般 | 较危险 | 危险 |
|---|---|---|---|---|---|
| 指标评价 | 95 | 85 | 75 | 65 | 40 |

表 7-11　增材制造用金属粉末危险级别转化规则表

| 分级依据 | 敏感性 | | | | |
|---|---|---|---|---|---|
| | 序号 | 1 | 2 | 3 | 4 |
| 严重程度 | 1 | 安全 | 安全 | 一般 | 一般 |
| | 2 | 安全 | 较安全 | 一般 | 较危险 |
| | 3 | 较安全 | 一般 | 较危险 | 危险 |
| | 4 | 一般 | 较危险 | 危险 | 危险 |

（3）确定指标权重

将结构熵权法确认的金属粉末增材制造安全风险评估指标的权重引入形成模糊综合评价法指标集合权重。

（4）对专家打分结果进行归一化处理

（5）进行模糊综合评价

用评价权重向量 $\boldsymbol{W}_x$ 和隶属度矩阵 $\boldsymbol{R}_x$ 相乘，从底层指标开始计算，逐级向上最后计算出目标层向量。

$$\begin{aligned}\boldsymbol{B}_x &= \boldsymbol{W}_x \cdot \boldsymbol{R}_x \\ &= (W_{x1}, W_{x2}, W_{x3}, \cdots, W_{xy}) \cdot \begin{bmatrix} r_{x11} & r_{x12} & \cdots & r_{x1n} \\ r_{x21} & r_{x22} & \cdots & r_{x2n} \\ \cdots & \cdots & \cdots & \cdots \\ r_{xy1} & r_{xy2} & \cdots & r_{xyn} \end{bmatrix} = (B_{x1}, B_{x2}, \cdots, B_{xy})\end{aligned}$$

再由公式 $\mu_x = \boldsymbol{B}_x \cdot \boldsymbol{P}$ 计算得分并逐级向上得出目标层得分，$\boldsymbol{P}$ 为评语集向量的转置矩阵。

根据目标层得分确定风险评估等级，对应评估等级分数见表 7-12。

表 7-12　风险评估等级

| 分数 | $[90,100)$ | $[80,90)$ | $[70,80)$ | $[60,70)$ | $(0,60)$ |
|---|---|---|---|---|---|
| 级别 | 安全 | 较安全 | 一般 | 较危险 | 危险 |

## 7.2.5　实证研究

选取北京市某科研机构某使用金属粉末增材制造技术的实验室作为案例来进行综合风险评估。该科研机构所使用的增材制造设备型号为 EOSINT-M280，如图 7-2 所示。该设备采用选择性激光烧结成形技术，利用光纤激光器将各种金属粉末材料直接烧结成形，配备了 200W/400W 固态激光器，提供高性能、高稳定性、高质量的激光。采用 EOSINT-M280 增材制造设备生产工件，该设备可以选用多种复杂热流通道，因而可以很好地提高工件性能和产品质量。设备内部集成了 LPM 系统，可在整个烧结过程中监控激光的状态。系统还集成了惰性气体管理系统，以确保工件在长期连续烧结过程中不会降低硬度、密度等。该科研机构在日常生产作业中主要使用的原材料由镍合金粉末（GH4169、GH3536）和不锈钢粉末（304L、316L）组成。为了作业安全和余粉在后续处理过程中不被氧化，作业区域内还放置了惰性气体存储输送系统（所用气体均为氮气），如图 7-3 所示。除此之外，该科研机构配套了较为全面的增材制造辅助设备，如防爆型吸尘器和防爆型振动筛等。

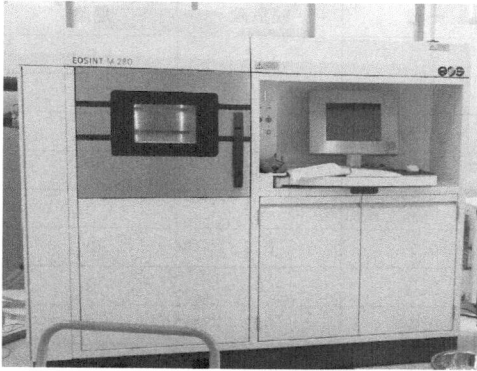

图 7-2　项目使用设备

图 7-3　惰性气体存储情况

（1）确认该实验室的评价指标体系

第一层级指标：$B=\{B_1，B_2，B_3，B_4，B_5\}=\{$人员因素，材料因素，设备因素，环境因素，管理因素$\}$。

第二层级指标：

$B_1=\{C_1，C_2，C_3\}=\{$个体防护，技术水平，安全意识$\}$；

$B_2=\{C_4，C_5，C_6，C_7\}=\{$金属粉末燃爆特性，材料存储，废弃材料处置，废弃危化品暂存$\}$；

$B_3=\{C_8，C_9，C_{10}，C_{11}，C_{12}\}=\{$增材制造设备，增材制造辅助设备，惰性气体存储及使用，氧气浓度报警仪，消防设备$\}$；

$B_4=\{C_{13}，C_{14}，C_{15}，C_{16}\}=\{$布局，通风，温湿度，防静电$\}$；

$B_5=\{C_{17}，C_{18}，C_{19}\}=\{$规章制度，人员培训，安全检查$\}$。

（2）确认权重

指标体系的各级权重向量为：

$\boldsymbol{W}=\{0.244，0.251，0.252，0.119，0.134\}$

$W_1=\{0.379，0.334，0.286\}$

$W_2=\{0.359，0.273，0.192，0.176\}$

$W_3=\{0.294，0.264，0.183，0.150，0.109\}$

$W_4=\{0.349，0.277，0.196，0.179\}$

$W_5=\{0.379，0.334，0.286\}$

（3）归一化处理

收集 10 位专家的评价结果，并对其进行归一化处理，如表 7-13 所示。

（4）模糊综合评价结果计算

对人员因素 $B_1$ 进行模糊综合评价计算。

表 7-13　专家结果归一化

| 项目 | 安全 | 较安全 | 一般 | 较危险 | 危险 |
|---|---|---|---|---|---|
| $C_1$ | 0.2 | 0.3 | 0.3 | 0.2 | 0 |
| $C_2$ | 0.3 | 0.3 | 0.3 | 0.1 | 0 |
| $C_3$ | 0.5 | 0.2 | 0.2 | 0.3 | 0 |
| $C_4$ | 0 | 0 | 1 | 0 | 0 |
| $C_5$ | 0.3 | 0.3 | 0.2 | 0.2 | 0 |
| $C_6$ | 0.4 | 0.2 | 0.2 | 0.2 | 0 |
| $C_7$ | 0 | 0.5 | 0.5 | 0 | 0 |
| $C_8$ | 0.1 | 0.2 | 0.5 | 0.2 | 0 |
| $C_9$ | 0.1 | 0.1 | 0.4 | 0.4 | 0 |
| $C_{10}$ | 0.2 | 0.4 | 0.3 | 0.1 | 0 |
| $C_{11}$ | 0.4 | 0.4 | 0.2 | 0 | 0 |
| $C_{12}$ | 0.6 | 0.3 | 0.1 | 0 | 0 |
| $C_{13}$ | 0.4 | 0.4 | 0.2 | 0 | 0 |
| $C_{14}$ | 0.1 | 0.3 | 0.3 | 0.3 | 0 |
| $C_{15}$ | 0.2 | 0.2 | 0.3 | 0.2 | 0 |
| $C_{16}$ | 0.2 | 0.5 | 0.3 | 0 | 0 |
| $C_{17}$ | 0.4 | 0.2 | 0.4 | 0 | 0 |
| $C_{18}$ | 0.7 | 0.2 | 0.1 | 0 | 0 |
| $C_{19}$ | 0.2 | 0.4 | 0.3 | 0.3 | 0 |

$$\boldsymbol{R}_1 = \begin{bmatrix} 0.2 & 0.3 & 0.3 & 0.2 & 0 \\ 0.3 & 0.3 & 0.3 & 0.1 & 0 \\ 0.5 & 0.2 & 0.2 & 0.3 & 0 \end{bmatrix}$$

$$\boldsymbol{W}_1 = \{0.379, 0.334, 0.286\}$$

$$\boldsymbol{B}_1 = \boldsymbol{W}_1 \cdot \boldsymbol{R}_1 = \{0.379, 0.334, 0.286\} \cdot \begin{bmatrix} 0.2 & 0.3 & 0.3 & 0.2 & 0 \\ 0.3 & 0.3 & 0.3 & 0.1 & 0 \\ 0.5 & 0.2 & 0.2 & 0.3 & 0 \end{bmatrix}$$

$$= \{0.319, 0.271, 0.271, 0.166, 0\}$$

人员因素综合得分为 $\mu_1 = \{0.319, 0.271, 0.271, 0.166, 0\} \cdot \begin{bmatrix} 90 \\ 80 \\ 70 \\ 60 \\ 40 \end{bmatrix} =$

79.32，得出人员因素安全状态为"一般"。

对材料因素 $B_2$ 进行模糊综合评价计算。

$$\boldsymbol{R}_2 = \begin{bmatrix} 0 & 0 & 1 & 0 & 0 \\ 0.3 & 0.3 & 0.2 & 0.2 & 0 \\ 0.4 & 0.2 & 0.2 & 0.2 & 0 \\ 0 & 0.5 & 0.5 & 0 & 0 \end{bmatrix}$$

$$\boldsymbol{W}_2 = \{0.359, 0.273, 0.192, 0.176\}$$

$$\boldsymbol{B}_2 = \boldsymbol{W}_2 \cdot \boldsymbol{R}_2 = \{0.359, 0.273, 0.192, 0.176\} \cdot \begin{bmatrix} 0 & 0 & 1 & 0 & 0 \\ 0.3 & 0.3 & 0.2 & 0.2 & 0 \\ 0.4 & 0.2 & 0.2 & 0.2 & 0 \\ 0 & 0.5 & 0.5 & 0 & 0 \end{bmatrix}$$

$$= \{0.159, 0.208, 0.540, 0.093, 0\}$$

材料因素综合得分为 $\mu_2 = \{0.159, 0.208, 0.540, 0.093, 0\} \cdot \begin{bmatrix} 90 \\ 80 \\ 70 \\ 60 \\ 40 \end{bmatrix} = 74.33$，

得出材料因素安全状态为"一般"。

对设备设施 $B_3$ 进行模糊综合评价计算。

$$\boldsymbol{R}_3 = \begin{bmatrix} 0.1 & 0.2 & 0.5 & 0.2 & 0 \\ 0.1 & 0.1 & 0.4 & 0.4 & 0 \\ 0.2 & 0.4 & 0.3 & 0.1 & 0 \\ 0.4 & 0.4 & 0.2 & 0 & 0 \\ 0.6 & 0.3 & 0.1 & 0 & 0 \end{bmatrix}$$

$$\boldsymbol{W}_3 = \{0.294, 0.264, 0.183, 0.150, 0.109\}$$

$$\boldsymbol{B}_3 = \boldsymbol{W}_3 \cdot \boldsymbol{R}_3 = \{0.294, 0.264, 0.138, 0.150, 0.109\} \cdot \begin{bmatrix} 0.1 & 0.2 & 0.5 & 0.2 & 0 \\ 0.1 & 0.1 & 0.4 & 0.4 & 0 \\ 0.2 & 0.4 & 0.3 & 0.1 & 0 \\ 0.4 & 0.4 & 0.2 & 0 & 0 \\ 0.6 & 0.3 & 0.1 & 0 & 0 \end{bmatrix}$$

$$= \{0.265, 0.233, 0.335, 0.167, 0\}$$

设备设施综合得分为 $\mu_3 = \{0.265, 0.233, 0.335, 0.167, 0\} \cdot \begin{bmatrix} 90 \\ 80 \\ 70 \\ 60 \\ 40 \end{bmatrix} = 75.96$，

得出设备设施安全状态为"一般"。

对环境因素 $B_4$ 进行模糊综合评价计算。

$$\boldsymbol{R}_4 = \begin{bmatrix} 0.4 & 0.4 & 0.2 & 0 & 0 \\ 0.1 & 0.3 & 0.3 & 0.3 & 0 \\ 0.2 & 0.2 & 0.3 & 0.2 & 0 \\ 0.2 & 0.5 & 0.3 & 0 & 0 \end{bmatrix}$$

$$\boldsymbol{W}_4 = \{0.349, 0.277, 0.196, 0.179\}$$

$$\boldsymbol{B}_4 = \boldsymbol{W}_4 \cdot \boldsymbol{R}_4 = \{0.349, 0.277, 0.196, 0.179\} \cdot \begin{bmatrix} 0.4 & 0.4 & 0.2 & 0 & 0 \\ 0.1 & 0.3 & 0.3 & 0.3 & 0 \\ 0.2 & 0.2 & 0.3 & 0.2 & 0 \\ 0.2 & 0.5 & 0.3 & 0 & 0 \end{bmatrix}$$

$$= \{0.242, 0.351, 0.265, 0.142, 0\}$$

环境因素综合得分为 $\mu_4 = \{0.242, 0.351, 0.265, 0.142, 0\} \cdot \begin{bmatrix} 90 \\ 80 \\ 70 \\ 60 \\ 40 \end{bmatrix} = 76.93$,

得出环境因素安全状态为"一般"。

对管理因素 $B_5$ 进行模糊综合评价计算。

$$\boldsymbol{R}_5 = \begin{bmatrix} 0.4 & 0.2 & 0.4 & 0 & 0 \\ 0.7 & 0.2 & 0.1 & 0 & 0 \\ 0.2 & 0.4 & 0.3 & 0.3 & 0 \end{bmatrix}$$

$$\boldsymbol{W}_5 = \{0.379, 0.334, 0.286\}$$

$$\boldsymbol{B}_5 = \boldsymbol{W}_5 \cdot \boldsymbol{R}_5 \{0.379, 0.334, 0.286\} \cdot \begin{bmatrix} 0.4 & 0.2 & 0.4 & 0 & 0 \\ 0.7 & 0.2 & 0.1 & 0 & 0 \\ 0.2 & 0.4 & 0.3 & 0.1 & 0 \end{bmatrix}$$

$$= \{0.443, 0.257, 0.271, 0.029, 0\}$$

管理因素综合得分为 $\mu_5 = \{0.443, 0.257, 0.271, 0.029, 0\} \cdot \begin{bmatrix} 90 \\ 80 \\ 70 \\ 60 \\ 40 \end{bmatrix} = 81.14$,

得出管理因素安全状态为"较安全"。

对金属粉末增材制造安全进行风险评分。

$$\mu=\{0.244,0.251,0.252,0.119,0.134\} \cdot \begin{bmatrix} 79.32 \\ 74.33 \\ 75.96 \\ 76.93 \\ 81.14 \end{bmatrix} = 77.18，风险等级为"一般"。$$

从模糊综合评价法的结果可以看出，该科研机构金属粉末增材制造的安全状态还处于"一般"的水平。虽然该实验室有较为完善的人员培训机制且作业人员安全意识相对较强，但也存在材料处置不合理、设备设施不完善的问题。因此，该实验室可从完善设备设施、提升工作人员作业水平和建立监管机制等方面研究如何降低风险，尽可能减少风险发生的概率和可能造成的损失。具体可通过以下措施实现。

① 完善设备设施  作业区间内必须配备 D 型金属灭火器，防止金属粉末在使用过程中发生燃烧爆炸事故。若是使用普通灭火器灭火，反而会导致火势蔓延，造成更大的经济损失。增材制造用金属粉末在筛粉过程中，建议选用防爆型输送机和防爆型振动筛，以免高温金属粉末在筛分过程中形成粉尘云，继而被点火热引燃发生事故。

② 提升工作人员作业水平  当增材制造设备内烧结的为钛合金粉末或铝合金粉末时，烧结完后，作业人员处理设备内剩余粉末时，应穿戴防静电服和防静电手套。这是因为这两类金属粉末最小点火能量较小，以免作业人员在处理粉末时产生静电点燃扬起的粉尘云。特别地，TC4 和 TA15 粉末在烧结完后，在设备内温度未降低到 380℃以下时，作业人员不能打开增材制造设备进行余粉的处理。这是因为设备内温度超过 380℃时，TC4 和 TA15 的粉尘层温度比其粉尘云最小点火温度要高，粉尘层温度可作为点火源引燃粉尘云。作业人员应在真空环境中对 TC4、TA15 等粉末进行预热，因为 TC4 和 TA15 的粉尘层温度可以作为点火源引燃粉尘云，有较大的可能发生粉尘爆炸事故。

③ 强化管理制度  从管理层面出发，根据现有增材制造设备、工艺和其他现场情况制定和发布相应的安全操作/处理规程、安全管理制度、防护措施、应急预案，并增设防辐射服、防静电手套等作业人员的装备，加强人员安全知识培训，要求上岗人员必须经过培训并经过相应的安全考试。同时，加强安全工作管理，定期组织安全检查，消除安全隐患，限期整改。将安全工作与生产经营管理有效结合，防止各类安全事故的发生，并结合有效的制度和措施，制定符合现行法律法规的安全工作流程，保证安全工作的有效开展和安全生产工作的稳步推进。

第 **8** 章

# 增材制造用金属粉尘安全管理中
# 存在的问题及对策

本章主要分析增材制造用金属粉末的安全管理中存在的问题，并提出相应的对策建议。通过对行业现有安全管理措施的梳理，指出在粉尘爆炸防护、风险评估和安全规范等方面的不足。根据研究结果，提出了加强安全监管、改进技术手段、优化风险评估体系和完善防控措施等建议，以提升增材制造行业的安全性，推动行业健康发展。

## 8.1 存在的问题

（1）安全方面

① 安全标准缺失　国内外针对增材制造相应的术语、原材料、工艺、产品热处理等系统性的标准已经或者正在制定，但专门针对增材制造行业的安全标准仍处于起步阶段，与安全相关的两个文件为 UL 指南和 VDI 协会文件（UL3400 *Outline of Investigation for Additive Manufacturing Facility Safety Management* 及 VDI 3405 *Additive Manufacturing Processes User Safety on Operating the Manufacturing Facilities*），暂时没有统一的标准或规范去规范行业行为，行业行为难以系统化。

② 监管机制针对性不足　有关部门虽然要求生产型企业、科研机构在安全生产和做科学研究方面应制定一定的安全监管机制，但这些机制对增材制造行业特有的危险针对性不强，导致增材制造企业和科研机构在面对增材制造行业特有危险时，存在监管漏洞，无法做出足够且充分的事前预防和事后应急响应。

③ 安全和防护意识薄弱　目前由于增材制造行业相关的安全标准缺失，导致一些单位对安全隐患重视不足，单位内部并未制定/发布增材制造行业相应的安全操作和防护规章制度，未制定/发布相关的事故应急预案，未对人员进行相

关安全知识的培训等。企业/科研机构内部管理层对安全不够重视，导致内部人员的整体安全意识和防护意识较差。尤其对于生产型单位，未"教育和督促从业人员严格执行本单位的安全生产规章制度和安全操作规程，并向从业人员如实告知作业场所和工作岗位存在的危险因素、防范措施以及事故应急措施"，是致命性的错误，极易导致安全事故的发生。

④ 过程风险管控不明　未对不同打印设备及工艺（如激光功率、环境密封性等）的氧气浓度具体限值进行详细规定。

⑤ 废弃粉料处置不清　未明确废弃粉料处置过程的具体安全标准，可能导致执行人员操作不规范。强调避免水处理密闭空间的同时，未明确如何保障开放空间的安全性，例如，浸泡过程中若通风不良，仍可能导致氢气累积。

⑥ 应急处置后续处理未注明　未明确处理要求和使用方法，可能导致覆盖不彻底或扬尘增多。对"自行燃烧"的建议缺乏条件说明，可能导致在高风险区域的误用。未提及灭火后对铝合金粉末残留的二次防护措施。

（2）质量方面

① 原材料质量参差不齐　金属粉末是增材制造中至关重要的原材料，其质量直接影响最终产品的性能。当前市场上金属粉末的粒径、纯度、氧含量等关键指标缺乏统一标准，导致其质量不稳定。一些粉末粒径分布不均，纯度不够高，氧含量过高，这些因素会降低产品的力学性能、延展性和耐腐蚀性，甚至在增材制造过程中形成脆性夹杂物或内部缺陷，降低最终制品的可靠性和安全性。

② 工艺参数不一致　不同设备使用的工艺参数存在较大差异，例如激光功率、扫描速度和铺粉厚度等，这直接影响增材制造产品性能的一致性。由于不同厂商的设备的技术差异以及工艺参数设置不标准，增材制造产品的质量在重复性和一致性方面存在较大波动，导致无法满足高端应用的要求，特别是对于航空航天、汽车等领域的高精度和高强度需求，无法确保产品的长期、稳定满足。

③ 检测标准不足　目前，增材制造产品的检测方法和标准缺乏统一性，特别是在无损检测、疲劳寿命评估、表面质量等方面。缺乏标准化的检测方法使得生产商无法全面评估产品的内部缺陷和长期使用性能，且现有检测手段无法有效揭示增材制造产品中的微观缺陷，如气孔、裂纹和未熔合区域。这些缺陷可能影响产品的力学性能，进而影响产品的可靠性，限制了增材制造技术的推广应用。

（3）工业流程方面

① 工艺优化不足　尽管增材制造技术在多个领域取得了显著进展，但其在一些关键工艺上仍面临诸多瓶颈，特别是在处理复杂结构件时。例如，当前的增材制造过程中，铺粉与扫描工艺存在较大的技术局限，导致温度控制和熔池稳定性难以精确控制，这直接影响到复杂结构的成形质量，尤其是大尺寸零件和精度要求较高的产品，难以实现完全稳定的性能。此外，增材制造过程中的支持结构

的设计和去除也会影响成品的质量和生产效率，尤其是一些具有内腔或复杂几何形状的零件，制造的难度更大。因此，现有技术还无法满足复杂结构件生产对精度、稳定性和效率的高要求。

② 效率与成本问题突出　增材制造技术虽然具有较大的设计自由度，但其整体生产效率仍然较低，特别是在大规模制造产品时，生产速度相对传统制造方式较慢。增材制造的逐层打印过程决定了其生产时间远长于传统方法，这使得其在批量生产中的应用受限。此外，金属粉末和设备的高成本是增材制造技术推广的另一个障碍。金属粉末的价格较高，且在生产过程中未完全使用的粉末无法回收利用，导致材料浪费较大。而在设备方面，增材制造所需的激光设备和增材制造用机的成本也相对较高，限制了其在低成本、高产量领域的应用。因此，如何在确保制造精度和质量的前提下提升生产效率，并降低材料和设备的成本，是增材制造产业化应用的一个关键问题。

③ 后处理技术欠缺　增材制造产品的后处理工艺，尤其是热处理和表面处理工艺，仍未得到充分发展。由于增材制造过程中温度波动大、冷却速度快，产品往往会出现较大的残余应力，影响其力学性能。因此，后期的热处理工艺对于确保产品的质量至关重要。然而，当前的增材制造后的热处理工艺和标准仍然不完善，针对不同材料和工艺参数的具体要求缺乏统一指导。与此同时，增材制造产品表面普遍存在较大的粗糙度，需要进行进一步的表面处理，如抛光、喷砂等，以提高表面质量。然而，现有的表面处理技术难以满足增材制造产品的特殊需求，尤其是在处理复杂形状和细节时，效果较为有限。缺乏标准化的后处理方法，使得增材制造产品的质量在不同工厂、不同生产批次之间差异较大，进一步影响了其可靠性和稳定性。

（4）环保方面

① 废弃物处理不规范　增材制造过程中的废弃物处理，尤其是废弃粉末、废气和冷却液的处理，缺乏明确的处理标准和规范，导致可能存在较高的环境污染风险。废弃粉末如果没有得到妥善处理，可能对土壤和水源造成污染，特别是含有有害金属或化学物质的粉末。废气排放方面，增材制造过程中的高温熔化、激光扫描等环节可能释放有害气体，若无有效的废气处理和回收系统，这些有害物质会对环境和操作人员的健康造成威胁。此外，冷却液的处理也是一个潜在的环保隐患，若冷却液含有有害成分，未经处理就排放，可能对生态环境造成污染。

② 能耗高　增材制造设备的能耗普遍高于传统制造设备，尤其是激光熔化、电子束熔化等大功率工艺，能耗较大。增材制造设备需要长时间工作以完成逐层打印，这使得生产整体能耗较高。由于缺乏标准化的能效管理要求，增材制造设备的能效优化和节能措施还不够完善，导致设备运行时的能源浪费较为严重。高能耗不仅增加了生产成本，也带来了较大的碳足迹，对环境造成负担。

（5）行业应用方面

① 行业应用深度不足　尽管增材制造在航空航天、医疗等行业中得到了广泛应用，但其在传统制造业中的渗透率依然较低，未能形成规模化应用。增材制造技术虽然具有设计自由度高、材料利用率好等优势，但在成本、生产效率及材料种类等方面的局限，限制了其在汽车、家电、机械等传统制造领域的普及。尤其是在大规模生产和高精度生产中，增材制造技术尚难以与传统制造工艺竞争。因此，增材制造技术在许多传统行业中的应用仍处于探索阶段，尚不能够广泛取代或有效补充现有的生产方式。

② 技术推广力度不够　增材制造技术的普及和推广力度不够，导致许多企业和科研机构对技术的了解仍然有限。部分企业对增材制造技术的认知局限于理论层面，缺乏实践经验和技术能力，无法真正理解和应用这一新兴技术。此外，增材制造所需的设备、材料和工艺复杂度较高，对技术的实施和管理提出了较大挑战。在这样的背景下，技术往往依赖于部分领先企业或科研机构的推广，整个行业的推广进度较为缓慢，很多中小企业未能有效接触和应用增材制造技术。这种推广的不充分，使得增材制造技术在各行业中的广泛应用和商业化进程受到制约。

## 8.2　对策建议

（1）安全方面

① 尽快制定增材制造安全规程，弥补标准空白　探索建立增材制造行业安全生产标准体系势在必行，从原材料、生产工艺、设备操作、产品后处理等方面出发，建立健全增材制造工艺安全生产标准，规范增材制造行业的行为，明确不同设备和工艺条件下氧气浓度的控制限值和操作要求。从源头上进行控制，避免安全事故的发生，保证人员安全，助力技术在企业、科研机构中安全、健康、稳步发展。

② 加强风险管控与隐患排查治理　根据增材制造行业的特性，建立相应监管机制，进一步核清、夯实增材制造企业底数，建立完善基础台账；企业应结合工艺特点针对作业场所进行危险源辨识，建立危险源清单；结合危险源情况，制定各岗位的事故隐患排查清单，并定期排查、治理，建立事故隐患排查治理台账。重点覆盖粉末使用、设备操作和废料处理环节，减少监管盲区。有关专业机构和专家应积极帮助指导相关企业开展隐患治理工作；负有安全生产监督管理职责的部门应组织专项行动督导检查，加大执法力度。

③ 强化管理制度落实及人员教育培训　企业/科研机构应从管理层面出发，根据现有增材制造设备、工艺和其他现场情况制定和发布相应的安全操作/处理

规程、安全管理制度、防护措施、应急预案，并增设相应的防护装备，制定人员安全知识教育培训制度。严格落实以上安全工作管理制度，并定期检查落实情况，保证安全工作的有效开展，保障安全生产工作稳步推进。进一步加强人员教育培训，对主要负责人、安全管理人员及危险岗位的作业人员进行增材制造专项安全技术培训，考试合格方准上岗。建立企业内部的安全管理责任制，确保安全规章制度严格执行。安全教育培训至少应包括以下内容：作业场所安全规章制度和操作规程、相关标准规范、作业场所风险辨识及隐患排查要点、相关应急处置措施、典型事故案例等。未参加专项教育培训或考核不合格的人员，严禁上岗作业，切实提高整体人员的安全和防护意识。

④ 强化过程风险管控　建议金属增材制造及其过滤工序采用惰性气体保护，并实时监测氧气浓度，确保相关工序在低氧气浓度下运行，避免制造过程中发生燃烧爆炸事故。首先，应对不同设备和工艺进行风险评估，制定针对性强的风险管控措施。特别是对于激光功率、扫描速度等工艺参数，应制定详细的操作规范，并定期进行设备检查和校准，确保各项工艺参数稳定，减少因设备波动或参数设定不当引发的风险。

此外，应通过引入实时监控系统，持续监测氧气浓度、温度、气体成分等关键参数，确保生产过程中的环境条件始终处于安全范围内。例如，针对金属增材制造过程中的温度和氧气浓度变化，使用在线监测系统实时跟踪并调整，以防止因气氛不稳定或氧气浓度过高引发燃烧或爆炸事故。通过自动报警系统，操作人员可以及时发现并修正潜在风险，做到早预警、早处置。

⑤ 及时清理和处置废弃粉料　需要制定明确的废弃粉末处理标准，特别是对于开放空间和密闭空间的通风和安全要求。在密闭空间中，应保证粉料清理作业期间通风系统的良好运行，避免粉尘积聚至一定浓度而引发爆炸等危险。在开放空间中，应确保足够的通风和排气设施，以防氢气或有害气体的积聚，避免产生危险的环境。

在废弃粉料的清理过程中，特别要避免对过滤器、收尘桶等密闭空间使用水进行局部"湿化"处理，因为这样容易引发氢气积累，增加安全隐患。如果需要使用水来处理废弃粉料，必须在开放、通风良好的空间进行，确保废弃粉料不会因水的作用产生有害气体或发生危险反应。因此，废弃粉料的处理流程应包含明确的操作规范，以确保所有操作都在安全环境中进行。

引入专用的吸附装置或静电处理设备，减少废弃粉料清理过程中粉尘的飞扬或积聚。这些设备可以有效防止粉尘污染环境，并降低由静电积聚引发的火灾风险。同时，清理后的废弃粉料应进行适当的存储和处置，确保不对环境造成污染，也不引发二次污染或事故。

通过优化废弃粉料的清理和处置流程，不仅能有效避免潜在的安全隐患，还能提高增材制造过程的环境友好性，确保生产安全和工作人员的健康。

⑥ 加强应急处置　首先，针对潜在事故类型和可能的紧急情况，需进行全面的风险评估，包括火灾、爆炸、设备故障、气体泄漏等突发事件。基于这些评估的结果，制定详细的应急预案，确保在事故发生时能够迅速响应，最大限度地减少损失。应急预案应包括事故类型的处理流程、责任分工、资源调配和人员疏散等方面的明确要求，以确保在任何突发情况下，企业能够做到从容应对。

特别是对于火灾等紧急情况，应明确火灾发生时的不同处理方案。在火情较轻时，可使用沙子覆盖灭火，但必须严格控制扬尘，避免粉尘引发爆炸风险。对于无法扑灭的火灾，应立即启动紧急灭火系统，并疏散人员到安全区域。要特别强调严禁使用水或泡沫灭火剂，以避免与金属粉末反应，造成更严重的事故。

同时，应急处置中还必须明确安全区域的范围及隔离标准。特别是在火灾或其他事故发生时，必须划定清晰的安全区域，并严格限制无关人员的进入。这有助于避免更多人员暴露于危险环境中，也便于应急团队有效开展救援和进行事故处理。安全区域的划定应根据事故的性质和危险程度灵活调整，确保事故区域与周围环境有充分的隔离。

灭火后的二次清理措施也至关重要。尤其在处理涉及金属粉末的火灾时，需要特别注意灭火沙中残留的铝粉等物质可能引发的再次氧化的风险。灭火沙中的铝粉如果未彻底清理干净，可能在空气中重新氧化，导致火灾复发或引发新的火灾。因此，必须制定明确的清理流程，对残留的灭火沙和铝粉进行彻底清理，并采取适当的防护措施，避免铝粉再次引发氧化反应。此外，还应定期检查清理后的环境中的粉尘和有害气体浓度，确保清理工作没有留下安全隐患。

通过明确安全区域、严格的隔离标准、加强灭火后的二次清理等措施，增材制造企业能够有效提升应急处置的效率和安全性。这样的措施有助于减少事故的二次伤害或扩展，并确保对生产环境的长效安全管理。

（2）质量方面

① 规范原材料标准

a. 统一金属粉末的强制标准　制定金属粉末的粒径（如 $10\sim50\mu m$）、纯度和氧含量等关键指标的强制性标准，确保原材料的质量一致性。通过设定明确的标准，可以避免因原材料不合格导致的产品性能波动，提高生产的稳定性。

b. 建立行业质量认证体系　建立行业质量认证体系，对供应链中的原材料进行认证，确保所有金属粉末和其他关键材料都符合质量标准。该体系不仅能提升原材料的质量，还能加强对供应商的监督和管理，减少生产过程中的不确定因素。

c. 推广原材料数据库　建设并推广原材料数据库，为企业提供可靠的供应链资源。通过数据库，企业可以轻松获取高质量原材料供应商的信息，优化采购流程，并追溯原材料的来源，保障产品质量。

② 提升工艺稳定性

a. 推广智能化生产设备　智能化生产设备可以实时采集工艺参数，自动调整和优化生产参数，如激光功率、扫描速度等。这不仅能保证生产的稳定性，还能提高生产的效率和一致性，减小人为操作的误差。

b. 应用仿真技术辅助工艺设计　通过仿真技术，可以在生产前对工艺进行虚拟测试，模拟不同工艺参数下的效果，从而优化设计和生产流程，确保参数的一致性和可重复性。仿真技术的应用可以有效减少实验生产中的试错成本，提高工艺稳定性。

③ 完善检测手段

a. 引入先进的检测技术　采用 CT 扫描、超声波探伤等技术，对增材制造产品进行全面的质量检测，特别是对内部缺陷的检测，如气孔、裂纹等。这些先进的检测技术能够提高检测精度，确保产品的结构完整性和质量。

b. 细化产品性能检测标准　制定适应不同应用领域的增材制造产品的性能检测标准。例如，针对航空航天、医疗等领域的产品，制定更为严格的检测标准，确保产品在强度、疲劳寿命等方面的性能满足高要求。这些标准有助于提高产品的可靠性和适应性，推动行业标准化进程。

（3）工艺流程方面

① 工艺优化

a. 提高铺粉和扫描的效率　通过算法优化和设备升级，提高铺粉和扫描的效率。这可以有效减少生产中的工艺缺陷，例如通过智能化算法自动调整激光功率和扫描速度，确保粉末铺设均匀，并提高打印精度。此外，应升级设备以适应高效生产的要求，例如增加多激光头系统或提高激光功率，能够在保证质量的前提下提高生产效率。

b. 引入实时监测技术　在增材制造过程中，实时监测技术能够对工艺中的异常情况进行动态调整。通过传感器和监测系统实时跟踪关键工艺参数（如温度、压力、气体浓度等），能够及时发现潜在的工艺问题，并进行自动调整或报警。这样不仅能够防止因工艺不稳定导致的缺陷，还能够大大提高生产的可靠性和一致性。

② 降低成本

a. 研发低成本设备和材料　通过技术创新，研发低成本的增材制造设备和材料，能够降低整体生产成本。例如，开发成本更低的激光设备或喷射式打印设备，或者使用更为经济的金属粉末材料。通过规模化生产降低单台设备和材料的成本，可以使增材制造更具竞争力，从而推动其在更广泛的领域中应用。

b. 政府补贴增材制造设备的采购　通过政府政策支持，如补贴或税收优惠，鼓励企业采购增材制造设备。这不仅能够降低企业的设备采购成本，还能促使更多的企业加入增材制造的应用和推广。此外，政府的支持有助于提高产业链的整体技术水平，加速设备更新换代，提升国内增材制造的整体竞争力。

③ 完善后处理技术

a. 开发自动化的后处理技术　后处理技术的提升对于增材制造产品的质量至关重要。开发自动化的后处理技术，能够提高零件的表面质量和力学性能，例如通过自动化的热处理、表面抛光和去应力技术，提高增材制造产品的力学性能和外观质量。自动化处理还能够减少人工干预，提高生产的效率和一致性。

b. 制定后处理技术标准　为了确保增材制造产品的一致性和可靠性，必须制定完善的后处理技术标准。这些标准应涵盖不同材料和工艺条件下的后处理要求，确保不同批次的产品具有一致的表面质量、尺寸精度和力学性能。同时，通过标准化的后处理流程，企业能够更好地控制产品质量，提高客户满意度，并为后续的大规模生产提供稳定的产品质量保障。

（4）环保方面

① 推行废弃物再利用

a. 制定废弃粉末和废气的回收标准　为了减少增材制造过程中的资源浪费，应制定详细的废弃粉末和废气的回收标准。通过建立回收和处理体系，可以对废弃粉末、废气等进行系统化收集和再处理。推广资源化利用技术，如废气的净化与循环使用、粉末的回收再利用等，可以有效减少环境污染，降低生产成本，并在一定程度上延长原材料的使用周期，推动循环经济的发展。

b. 鼓励企业开发废料再加工工艺　企业应积极研发增材制造废料再加工技术，如通过筛分、清洁和重制工艺，将废弃粉末或材料转化为可再使用的原料。这不仅能够减少废料的积累，减轻环境的负担，还能降低材料采购成本。特别是在金属粉末回收过程中，若能够开发高效的粉末重生技术，能够显著提高废料的资源化利用率，减少对新原料的依赖。

② 提升能效管理

a. 制定能效标准　增材制造设备能耗较高，特别是大功率激光设备和大型打印机的应用，能效管理显得尤为重要。应制定相关的能效标准，规定增材制造设备的最低能效要求，并推动行业内设备制造商根据标准设计更节能的设备。通过技术改造和优化设计，使设备运行更加高效，降低单位产品的能源消耗，从而减少生产成本，提高能源的经济性。

b. 推广可再生能源的应用　为了降低增材制造过程中的碳足迹，应推广可再生能源的应用，如光伏和风能辅助供电技术。企业可以通过安装太阳能光伏板、风力发电装置等设备，为增材制造设备提供绿色能源，减少对传统能源的依赖。此外，采用可再生能源不仅可以有效降低能源成本，还能帮助企业实现环保目标，提升企业的社会责任感和品牌形象。

（5）行业应用方面

① 扩大应用范围　鼓励增材制造技术在传统制造行业中应用。增材制造技术在航空航天、医疗等领域已经取得了一定的应用，但在传统制造业中的渗透率仍较低。为了推动技术的普及，应鼓励增材制造技术在汽车、家电、工具等传统行业中应用，开发适用于中低端市场的解决方案。通过调整生产工艺，优化成本结构，增材制造可以为传统制造业带来创新的生产模式和更高的生产效率，特别是在小批量、多样化生产和复杂结构件制造等领域。推动这一转型有助于增材制造技术在更广泛的领域中普及。

② 加强对汽车、消费电子等领域的渗透　汽车和消费电子行业对增材制造技术的需求日益增长。增材制造能够为这些行业提供更加灵活和高效的生产方式，特别是在个性化定制、轻量化设计以及快速原型制作等方面其具有显著优势。加强对这些领域的技术渗透，推动增材制造技术在汽车零部件、电子设备外壳、定制配件等方面的应用，可以极大提升增材制造的市场份额。引导企业采用增材制造技术，将其逐步应用到更多产品的生产环节中，进一步提高增材制造技术的市场普及率和认可度。

③ 加强技术推广　开展增材制造技术培训与科普活动。为了加速增材制造技术的普及和应用，应开展定期的技术培训与科普活动。这些活动可以帮助企业、科研机构、工程师以及管理者更好地理解增材制造的原理、优势和应用潜力。通过专业课程、研讨会、技术沙龙等形式，提升各界对增材制造技术的认知水平，消除对新技术的疑虑，增强对其的应用信心。培训内容应涵盖从基础知识到进阶应用的各个方面，针对不同需求群体量身定制，帮助他们更好地应对实际生产中的挑战。

④ 建立行业联盟，推动协同创新和应用示范　为了加速增材制造技术的发展和应用，行业内各方应共同协作，建立行业联盟。通过企业、科研机构、技术供应商等多方的合作，推动增材制造技术的协同创新，促进技术的研发、优化与共享。此外，可以组织应用示范项目，展示增材制造技术在不同行业中的成功案例和实际效益，以此吸引更多企业加入到增材制造技术的应用和推广中。行业联盟还可以为中小企业提供技术支持、政策引导以及资源共享，帮助其降低应用门槛，实现共赢。

# 参考文献

[1]　卢秉恒. 增材制造技术——现状与未来 [J]. 中国机械工程，2020，31（1）：19-23.

[2]　程慎，张力，杨忠林. 基于 WPF 技术的三维打印软件 [J]. 上海电气技术，2017，10（2）：20-23.

[3]　池元清，刘伟清. 一种用于电弧增材制造的铝基复合材料焊丝及其制备方法：112440027A ［P］. 2021-03-05.

[4]　Tan C，Li R，Su J，et al. Review on field assisted metal additive manufacturing [J]. International Journal of Machine Tools and Manufacture，2023，189：104032.

[5]　Blakey-Milner B，Gradl P，Snedden G，et al. Metal additive manufacturing in aerospace：A review [J]. Materials & Design，2021，209：110008.

[6]　Sargini M I M，Masood S H，Suresh P，et al. Additive manufacturing of an automotive brake pedal by metal fused deposition modelling [J]. Materials Today：Proceedings，2021，45（6）：4601-4605.

[7]　Cannio M，Righi S，Santangelo P E，et al. Smart catalyst deposition by 3D printing for polymer electrolyte membrane fuel cell manufacturing [J]. Renewable Energy，2021，163：414-422.

[8]　刘俊岩，王飞，宋鹏，等. 增材制造技术课程思政内容融合方法研究 ［C］//教育部高等学校航空航天类专业教学指导委员会. 第三届全国高等学校航空航天类专业教育教学研讨会论文集. 北京：北京航空航天大学出版社，2022：19-23.

[9]　Lara C P D S，Fernando C M，Alexandre Z G. Surface parameters of as-built additive manufactured metal for intraosseous dental implants [J]. The Journal of Prosthetic Dentistry，2020，124（2）：217-222.

[10]　Asprone D，Auricchio F，Menna C，et al. 3D printing of reinforced concrete elements：Technology and design approach [J]. Construction and Building Materials，2018，165：218-231.

[11]　程俊廷，常天瑞. 金属增材制造技术研究与应用现状及趋势 [J]. 中国设备工程，2018，（20）：181-183.

[12]　余伟，王西昌，巩水利，等. 快速扫描电子束加工技术及其在航空制造领域的潜在应用 [J]. 航空制造技术，2010（16）：44-47.

[13]　Eckhoff R K. Current status and expected future trends in dust explosion research [J]. Journal of Loss Prevention in the Process Industries，2005，18（4-6）：225-237.

[14]　崔克清. 安全工程燃烧爆炸理论与技术 ［M］. 北京：中国计量出版社，2005：56-68.

[15]　贾如宝. 粮食加工的粉尘爆炸和预防 [J]. 劳动保护，1979，（3）：27.

[16]　Bu Y，Addo A，Amyotte P，et al. Insight into the dust explosion hazard of pharmaceutical powders in the presence of flow aids [J]. Journal of Loss Prevention in the Process Industries，2022，74：104655.

[17] 刘天奇. 微米级玉米粉尘爆炸能量传播数学模型研究 [J]. 数学的实践与认识，2020，50 (10)：144-149.

[18] Zhang J，Xu P，Sun L，et al. Factors influencing and a statistical method for describing dust explosion parameters：A review [J]. Journal of Loss Prevention in the Process Industries，2018，56：386-401.

[19] 毕明树，杨国刚. 气体和粉尘爆炸防治工程学 [M]. 北京：化学工业出版社，2012：88-99.

[20] 王秋红，闵锐，孙艺林，等. 抛光工艺中镁铝合金粉燃爆参数分析 [J]. 中南大学学报 (自然科学版)，2020，51 (5)：1211-1220.

[21] Serrano J，Ratkovich N，Muoz F，et al. Explosion severity behavior of micro/nano-sized aluminum dust in the 20L sphere：Influence of the particle size distribution (PSD) and nozzle geometry [J]. Process Safety and Environmental Protection，2021，152：1-13.

[22] Danzi E，Pio G，Marmo L，et al. The explosion of non-nano iron dust suspension in the 20-l spherical bomb [J]. Journal of Loss Prevention in the Process Industries，2021，71：104447.

[23] Li C，Zhang Y，Zhang W，et al. The control mechanisms of lysine sulfate dust deflagration flame propagation based on flame microstructures and time scale analysis [J]. Powder Technology，2021，389：259-269.

[24] Zhang S，Bi M，Yang M，et al. Flame propagation characteristics and explosion behaviors of aluminum dust explosions in a horizontal pipeline [J]. Powder Technology，2020，359：172-180.

[25] Yu J，Zhang X，Zhang Q，et al. Combustion behaviors and flame microstructures of micro- and nano-titanium dust explosions [J]. Fuel，2016，181：785-792.

[26] 刘继常. 金属增材制造技术现状与未来研究方向 [C] //特种加工技术智能化与精密化——第17届全国特种加工学术会议论文集 (摘要). 中国机械工程学会特种加工分会，广东工业大学：中国机械工程学会，2017：1.

[27] 何杰，马士洲，张兴高，等. 增材制造用金属粉末制备技术研究现状及展望 [J]. 机械工程材料，2020，44 (11)：46-52＋58.

[28] 张飞，高正江，马腾，等. 增材制造用金属粉末材料及其制备技术 [J]. 工业技术创新，2017，4 (4)：59-63.

[29] Moghimian P，Poirié T，Habibnejad-Korayem M，et al. Metal powders in additive manufacturing：A review on reusability and recyclability of common titanium，nickel and aluminum alloys [J]. Additive Manufacturing，2021，43：102017.

[30] Kempen K，Thijs L，Van Humbeeck J，et al. Mechanical properties of AlSi10Mg produced by selective laser melting [J]. Physics Procedia，2012，39：439-446.

[31] Garmendia X，Chalker S，Bilton M，et al. Microstructure and mechanical properties of Cu-modified AlSi10Mg fabricated by laser-powder bed fusion [J]. Materialia，2020，9：100590.

[32] Dobrzyńska E，Kondeg D，Kowalska J，et al. State of the art in additive manufacturing and its possible chemical and particle hazards-review [J]. Indoor Air，2021，31 (6)：1733-1758.

[33] Jensen A C O，Harboe H，Brostrom A. Nanoparticle exposure and workplace measurements during processes related to 3D printing of a metal object [J]. Frontiers in Public Health，2020，8：608718.

[34] 蒋保林. 增材制造用金属粉末材料项目风险管理研究 [D]. 徐州：中国矿业大学，2021.

[35] 蒋威. 增材制造金属粉末检测方法及标准研究进展 [J]. 中国标准化，2022，(13)：188-193.

[36] 宋艳丽. 基于金属增材制造安全生产的研究 [C] //天津市电子工业协会 2022 年年会论文集. 2022：124-127.

[37] Powell D, Rennie A E W, Geekie L, et al. Understanding powder degradation in metal additive manufacturing to allow the upcycling of recycled powders [J]. Journal of Cleaner Production, 2020, 268：122077.

[38] Myriam M, Stéphane B, Philippe G. Combustion characteristics of pure aluminum and aluminum alloys powders [J]. Journal of Loss Prevention in the Process Industries, 2020, 68：104270.

[39] 孙思衡, 孙艳, 贾存锋, 等. 增材制造用金属粉末爆炸敏感性研究 [J]. 粉末冶金技术, 2020, 38 (4)：249-256.

[40] Bernard S, Gillard P, Frascati F. Ignition and explosibility of aluminum alloys used in additive layer Manufacturing [J]. Journal of Loss Prevention in the Process Industries, 2017, 49：888-895.

[41] 张雪. 刍议粉尘爆炸事故的防控措施 [J]. 化工管理, 2020, 5：68-69.

[42] 陈龙祥, 宁亚南, 陈健. 防控粉尘爆炸 [J]. 现代职业安全, 2016, 2：69-71.

[43] 任一丹, 刘龙, 袁庭杰, 等. 粉尘爆炸中惰性介质抑制机理及协同作用 [J]. 消防科学与技术, 2015, 34 (2)：158-162.

[44] 孟祥豹, 王俊峰, 张延松, 等. 惰性粉体对油页岩粉尘爆炸火焰的抑制性能和作用机理研究 [J]. 爆炸与冲击, 2021, 41 (10)：166-177.

[45] Yang J, Yu Y, Li Y, et al. Inerting effects of ammonium polyphosphate on explosion characteristics of polypropylene dust [J]. Process Safety and Environmental Protection, 2019, 130：221-230.

[46] 何汶静. 铝粉爆炸特性研究及抑爆剂的开发 [J]. 消防科学与技术, 2019, 38 (12)：1736-1738.

[47] 潘越, 王建华, 陈建国, 等. 储油罐区油气爆炸抑制技术研究现状 [J]. 石油商技, 2021, 39 (3)：92-95.

[48] Pang L, Zhao Y, Yang K, et al. Law of variation for low density polyethylene dust explosion with different inert gases [J]. Journal of Loss Prevention in the Process Industries, 2019, 58：42-50.

[49] Zhang S, Bi M, Jiang H, et al. Suppression effect of inert gases on aluminum dust explosion [J]. Powder Technology, 2021, 388：90-99.

[50] 郭昊. 锆粉尘云爆炸敏感性及其抑制研究 [D]. 太原：中北大学, 2019.

[51] Jiang H, Bi M, Li B, et al. Flame inhibition of aluminum dust explosion by $NaHCO_3$ and $NH_4H_2PO_4$ [J]. Combustion and Flame, 2019, 200：97-114.

[52] Ma X, Meng X, Li Z, et al. Study of the influence of melamine polyphosphate and aluminum hydroxide on the flame propagation and explosion overpressure of aluminum magnesium alloy dust [J]. Journal of Loss Prevention in the Process Industries, 2020, 68：104291.

[53] Wang Z, Meng X, Yan K, et al. Inhibition effects of Al (OH)$_3$ and Mg (OH)$_2$ on Al-Mg alloy dust explosion [J]. Journal of Loss Prevention in the Process Industries, 2020, 66：104206.

[54] 陈彦斌. 铝粉泄爆灾害效应演化规律及室外安全距离研究 [D]. 北京：北京石油化工学院, 2022.

[55] 马冉. LDPE 粉尘爆炸特性及惰化研究 [D]. 北京：北京石油化工学院, 2018.

[56] Pang L, Peng H, Lv P, et al. Comparative study on the inhibition effect of three inhibitors on the flame propagation of aluminum alloy dust cloud [J]. Fire Safety Journal, 2024, 144：104084.

[57] 张小良. 粉尘爆炸的四个误区 [J]. 现代职业安全, 2014, (11)：51.

[58] 李涛, 张敏, 李德鸿, 等. 中国职业卫生发展现状 [J]. 工业卫生与职业病, 2004, (2)：65-68.

[59] 宋福元. 作业环境缺氧或纯氧对人体健康的危害与预防 [J]. 工业安全与防尘, 1994, (4)：9-10.

[60] 李雅轩，袁秀英，刘南平. 电磁辐射对人体的伤害及预防 [J]. 工业安全与环保，2003，（9）：22-24.

[61] Wang D J，Li H，Zheng W. Oxidation behaviors of TA15 titanium alloy and TiBw reinforced TA15 matrix composites prepared by spark plasma sintering [J]. Journal of Materials Science&Technology，2020，37（2）：46-54.

[62] 高文英，王凯，张伟强，等. 选区熔化成形铝合金技术研究进展 [J]. 热加工工艺，2020，49（18）：17-20.

[63] 俞俊钟. 国内外增材制造 SLM 用 TC4 金属粉末工艺性能研究 [J]. 科技资讯，2018，16（27）：89-90.

[64] 吴冬冬，钱远宏，李明亮，等. 激光复合增材制造 TA15 钛合金组织与拉伸性能研究 [J]. 应用激光，2020，40（4）：615-620.

[65] 齐欢. INCONEL 718（GH4169）高温合金的发展与工艺 [J]. 材料工程，2012，（8）：92-100.

[66] 薛珈琪，陈晓晖，雷力明. 激光选区熔化 GH3536 合金组织对力学性能的影响 [J]. 激光与光电子学进展，2019，56（14）：171-177.

[67] 丁雨田，李海峰，王伟，等. 热处理对 GH3625 合金管材组织和性能的影响 [J]. 材料热处理学报，2015，36（12）：84-89.

[68] 陈静，林鑫，王涛，等. 316L 不锈钢激光快速成形过程中熔覆层的热裂机理 [J]. 稀有金属材料与工程，2003，（3）：183-186.

[69] 王彦芳，鲁青龙，肖丽君，等. 304L 不锈钢表面激光熔覆 Fe-Cr-Si-P 非晶涂层 [J]. 稀有金属材料与工程，2014，43（2）：274-277.

[70] 粉尘云最小着火能量测定方法：GB/T 16428—1996 [S]. 1996.

[71] 粉尘云最低着火温度测定方法：GB/T 16429—1996 [S]. 1996.

[72] 粉尘云爆炸下限浓度测定方法：GB/T 16425—2018 [S]. 2018.

[73] ASTM E1226-12a Standard Test Method for Explosibility of Dust Clouds [S]. 2017.

[74] 粉尘云最大爆炸压力和最大上升速率测定方法：GB/T 16426—1996 [S]. 1996.

[75] 张银亮，张传福，湛菁，等. 铁镍合金粉末的制备及应用现状 [J]. 四川有色金属，2007，（1）：31-36.

[76] 压力容器：GB/T 150—2024 [S]. 2024.

[77] Ebadat V. Dust explosion hazard assessment [J]. Journal of Loss Prevention in the Process Industries，2010，23（6）：907-912.

[78] 东北大学. 粉尘爆炸研究数字化平台 [EB/OL]. 2020. https：//dees. envsafe. cn/Explosibility/Query. aspx.

[79] Janes A，Chaineaux J，Carson D，et al. MIKE 3 versus HARTMANN apparatus：Comparison of measured minimum ignition energy（MIE）[J]. Journal of Hazardous Materials，2008，152（1）：32-39.

[80] 中华人民共和国国家质量监督检验检疫总局. 爆炸性环境　第 1 部分：设备 通用要求：GB 3836.1 [S].

[81] 宋晓娇，夏俊，陈峰，等. 粒度检测方法研究及其在口服吸入制剂研发中的应用 [J]. 药物评价研究，2019，42（12）：2319-2324.

[82] 胡斌斌. 小尺度管道中甲烷-氧气爆炸特性实验研究 [D]. 北京：北京理工大学，2016.

[83] 何云. 复合抑制剂对酪氨酸酶抑制的相互作用研究 [D]. 广州：广东药学院，2015.

[84] 杨先龙，祝凤杨，徐迅，等．碱式硫酸镁自发光混凝土的发光性能研究 [J]．武汉：武汉理工大学学报，2022，44 (12)：14-21.

[85] 张世辉，闫晓蕊，桑榆．融合残差及通道注意力机制的单幅图像去雨方法 [J]．计量学报，2021，42 (1)：20-28.

[86] 郭超，张格致，周宁浩，等．基于深度学习的视网膜分支动脉阻塞分割 [J]．软件导刊，2019，18 (11)：5-9＋225.

[87] 崔博文，张泽宇，周鹏，等．基于 OpenCV 图像处理的芦苇高立式沙障合格率的检测研究 [J]．南方农机，2022，53 (21)：18-21＋36.

[88] 陆波，陆涛．一种城市环境污染的图像识别方法 [C] //旭日华夏（北京）国际科学技术研究院首届国际信息化建设学术研讨会论文集（一）．2016：210-212＋214.

[89] 白雪宇．厚板高强铝合金变极性等离子弧穿孔立焊熔池稳定性研究 [D]．呼和浩特：内蒙古工业大学，2021.

[90] 刘凌霄，王德成，程鹏，等．基于机器视觉的光照强度修正方法研究 [J]．制造业自动化，2022，44 (9)：1-4＋35.

[91] 魏利卓，石春竹，许凤凯，等．基于特征序列的恶意代码静态检测技术 [J]．网络安全与数据治理，2022，41 (10)：56-64.

[92] 付争方，朱虹，余顺园，等．基于灰度级映射函数建模的多曝光高动态图像重建 [J]．数据采集与处理，2019，34 (3)：472-490.

[93] Zhang H，Si F，Dou J，et al．Inerting characteristics of ultrafine Mg (OH)$_2$ on starch dust explosion flame propagation [J]．Journal of Loss Prevention in the Process Industries，2023，104991.

[94] Gao W，Mogi T，Sun J，et al．Effects of particle size distributions on flame propagation mechanism during octadecanol dust explosions [J]．Powder Technology，2013，249：168-174.

[95] Pang Z，Zhu N，Cui Y，et al．Experimental investigation on explosion flame propagation of wood dust in a semi-closed tube [J]．Journal of Loss Prevention in the Process Industries，2020，63：104028.

[96] 李海涛，陈晓坤，邓军，等．开放管道内煤粉云形成机制及爆炸过程火焰动态行为数值模拟 [J]．煤炭学报，2021，46 (8)：2600-2613.

[97] Wang Z，Chen Y，Mogi T，et al．Flame structures and particle-combustion mechanisms in nano and micron titanium dust explosions [J]．Journal of Loss Prevention in the Process Industries，2022，80：104876.

[98] Wentao J，Jingjing Y，Yang W，et al．Flame propagation characteristics of hybrid explosion of ethylene and polyethylene mixture under pressure accumulation [J]．Energies，2022，15 (13).

[99] 杜赛枫，张凯，陈昊，等．破膜压力对氢-空气预混气体燃爆特性的影响 [J]．爆炸与冲击，2023，43 (2)：159-169.

[100] 程方明，南凡，王家祎，等．高开启压力条件下粉尘爆炸泄压火焰特性 [J]．化工进展，2021，40 (8)：4135-4143.

[101] 王家祎．高开启压力条件下玉米淀粉爆炸及其泄放特性研究 [D]．西安：西安科技大学，2019.

[102] 石天璐．铝粉爆炸压力及其泄爆特性的试验研究 [D]．太原：中北大学，2018.

[103] 于洪闯．碳粉爆炸及泄放特性研究 [D]．大连理工大学，2021.

[104] Li H，Chen X，Deng J，et al．CFD analysis and experimental study on the effect of oxygen level, particle size，and dust concentration on the flame evolution characteristics and explosion severity of

cornstarch dust cloud deflagration in a spherical chamber [J]. Powder Technology, 2020, 372: 585-599.

[105] 赵懿明, 刘毅飞, 杨振欣, 等. 点火能量对煤尘爆炸火焰传播规律的影响 [J]. 中北大学学报 (自然科学版), 2022, 43 (1): 70-75.

[106] 董世宁. 电火源点火能量与瓦斯浓度对瓦斯爆炸传播影响的实验研究 [D]. 廊坊: 华北科技学院, 2020.

[107] 仇锐来. 点火能量对瓦斯爆炸火焰传播速度的影响 [J]. 煤炭科学技术, 2011, 39 (3): 52-55.

[108] 赖芳芳. 电火源引爆瓦斯的规律和特征研究 [D]. 廊坊: 华北科技学院, 2015.

[109] 郑兴忠, 郑丹. 甲烷浓度和点火能量对瓦斯爆炸火焰长度影响的实验研究 [J]. 消防技术与产品信息, 2015, 327 (3): 12-15.

[110] 马雪松, 孟祥豹, 肖琴, 等. 碳酸钙、磷酸二氢氨与二氧化硅对面粉爆炸的抑制作用 [J]. 消防科学与技术, 2020, 39 (1): 31-35.

[111] Jiang H, Bi M, Li, et al. Inhibition evaluation of ABC powder in aluminum dust explosion [J]. Journal of Hazardous Materials, 2019, 361: 273-282.

[112] 代琳琳. 碳酸、磷酸盐对铝粉爆炸的抑制作用研究及数值模拟 [D]. 天津: 天津大学, 2020.

[113] Zhao Q, Chen X, Yang M, et al. Suppression characteristics and mechanisms of ABC powder on methane/coal dust compound deflagration [J]. Fuel, 2021, 298: 120831.

[114] Lv H, Li B, Deng J, et al. A novel methodology for evaluating the inhibitory effect of chloride salts on the ignition risk of coal spontaneous combustion [J]. Energy, 2021, 231: 121093.

[115] Kwon E, Lee T, Ok Y, et al. Effects of calcium carbonate on pyrolysis of sewage sludge [J]. Energy, 2018, 153: 726-731.

[116] Saba M, Kato T, Oguchi T. Reaction modeling study on the combustion of aluminum in gas phase: The $Al + O_2$ and related reactions [J]. Combustion and Flame, 2021, 225: 535-550.

[117] Ji W, Wang Y, Yang J, et al. Explosion overpressure behavior and flame propagation characteristics in hybrid explosions of hydrogen and magnesium dust [J]. Fuel, 2023, 332: 125801.

[118] 建筑设计防火规范: GB 50016—2014 [S]. 2014.

[119] 工业建筑供暖通风与空气调节设计规范: GB 50019—2015 [S]. 2015.

[120] 邓雪, 李家铭, 曾浩健, 等. 层次分析法权重计算方法分析及其应用研究 [J]. 数学的实践与认识, 2012, 42 (7): 93-100.

[121] 郭金玉, 张忠彬, 孙庆云. 层次分析法的研究与应用 [J]. 中国安全科学学报, 2008, (5): 148-153.

[122] 张吉军. 模糊层次分析法 (FAHP) [J]. 模糊系统与数学, 2000, (2): 80-88.

[123] 王春枝, 斯琴. 德尔菲法中的数据统计处理方法及其应用研究 [J]. 内蒙古财经学院学报 (综合版), 2011, 9 (4): 92-96.

[124] 袁勤俭, 宗乾进, 沈洪洲. 德尔菲法在我国的发展及应用研究——南京大学知识图谱研究组系列论文 [J]. 现代情报, 2011, 31 (5): 3-7.

[125] 徐蔼婷. 德尔菲法的应用及其难点 [J]. 中国统计, 2006, (9): 57-59.

[126] Wang X, Yang Z, Liu X, et al. The composition characteristics of different cropstraw types and their multivariate analysis and comparison [J]. Waste Management, 2020, 110: 87-97.

[127] Fan M, Fan Y, Rao Z, et al. Comparative investigation on metabolite changes in 'wu mi' production by *Vaccinium* bracteatum Thunb [J]. leaves based on Food Chemistry, 2019, 286: 146-153.

[128] 庄万玉，凌丹，赵瑾，等. 关于敏捷性评价指标权重的研究 [J]. 电子科技大学学报，2006，(6)：985-988.

[129] 任彩凤，程艳妹，郑欣，等. 基于均方差决策法的淮北市生态承载力评价 [J]. 生态科学，2019，38 (5)：168-177.

[130] 叶双峰. 关于主成分分析做综合评价的改进 [J]. 数理统计与管理，2001，(2)：52-55＋61.

[131] 张鹏. 基于主成分分析的综合评价研究 [D]. 南京：南京理工大学，2004.

[132] Deng X，Liu Y，Xiong Y. Analysis on the development of digital economy in guangdong province based on improved entropy method and multivariate statistical analysis [J]. Entropy，2020，22 (12)：199-201.

[133] Liu F，Zhao S，Weng M，et al. Fire risk assess-ment for large-scale commercial buildings based on structure entropy weight method [J]. Safety Science，2017，94：26-40.

[134] 程乾生. 属性识别理论模型及其应用 [J]. 北京大学学报（自然科学版），1997，(1)：14-22.

[135] 刘思峰. 灰色系统理论的产生与发展 [J]. 南京航空航天大学学报，2004，(2)：267-272.

[136] Zhang M，Yang W. Fuzzy comprehensive evaluation method applied in the real estate investment risks research [J]. Physics Procedia，2012，24：1815-1821.

[137] 周文华，王如松. 基于熵权的北京城市生态系统健康模糊综合评价 [J]. 生态学报，2005，(12)：3244-3251.

[138] 韩利，梅强，陆玉梅，等. AHP-模糊综合评价方法的分析与研究 [J]. 中国安全科学学报，2004，(7)：89-92＋3.